AF283662

Nuevas tecnologías en la gestión de granjas de porcino madres. AGAN0018

Jaime González Romero

ic editorial

Nuevas tecnologías en la gestión de granjas de porcino madres. AGAN0018
© Jaime González Romero

1ª Edición

© IC Editorial, 2025

Editado por: IC Editorial
c/ Cueva de Viera, 2, Local 3
Centro Negocios CADI
29200 Antequera (Málaga)
Teléfono: 952 70 60 04
Fax: 952 84 55 03
Correo electrónico: iceditorial@iceditorial.com
Internet: www.iceditorial.com

ISBN: 978-84-1184-618-9
Depósito Legal: MA 275-2025

Impresión: PODiPrint
Impreso en Andalucía – España

Nota de la editorial: IC Editorial pertenece a Innovación y Cualificación S. L.

Especialidad formativa

Se entiende por especialidad formativa la agrupación de contenidos, competencias profesionales y especificaciones técnicas que responde a un conjunto de actividades de trabajo enmarcadas en una fase del proceso de producción y con funciones afines.

Las especialidades formativas de Uso General, Formación Complementaria, Formación Modular y las especialidades formativas dirigidas a la obtención de certificados de profesionalidad se incluyen en el Fichero de Especialidades del Servicio Público de Empleo Estatal para su gestión en todo el territorio nacional por cualquier Administración competente.

Las especialidades complementarias, pertenecen todas a la Familia profesional de Formación Complementaria (FCO) y tienen la consideración de formación transversal en áreas que se consideran prioritarias tanto en el marco de la Estrategia Europea para el Empleo y del Sistema Nacional de Empleo como en las directrices establecidas por la Unión Europea. Se consideran áreas prioritarias las relativas a tecnologías de la información y la comunicación, la prevención de riesgos laborales, la sensibilización en medio ambiente, la promoción de la igualdad, la orientación profesional y aquellas otras que se establezcan por la Administración competente.

Las especialidades de Certificado de profesionalidad tienen una duración especificada en su normativa reguladora.

En el resultado de la búsqueda, se muestran las unidades de competencia, todos los módulos formativos con su duración y las unidades formativas del certificado correspondiente, con su duración. Las horas del certificado, exclusivo de las especialidades de certificado de profesionalidad, con alta igual o superior a 2008, son las horas totales más las horas del módulo de Prácticas Profesionales no Laborales.

➲ **Si la especialidad tiene unidades formativas,** las horas totales, presencial, distancia, teleformación serán igual a la suma de esas horas de las unidades formativas de los distintos módulos, sin que se repita ninguna Unidad formativa.

➲ **Si la especialidad no tiene unidades formativas,** las horas totales, presencial, distancia, teleformación serán igual a las sumas de esas horas de los módulos formativos, eliminando las horas de los módulos repetidos.

https://sede.sepe.gob.es/especialidadesformativas/RXBuscadorEFRED/BusquedaEspecialidades.do

(Fuente: Servicio Público de Empleo Estatal)

Índice

Unidad de aprendizaje 4
Organización de la explotación

OBJETIVOS GENERALES

Los objetivos generales del **AGAN0018. Nuevas tecnologías en la gestión de granjas de porcino madres,** son los siguientes:

- ⮞ Identificar las gestiones asociadas a las funciones de operario en relación a la bioseguridad, la documentación, el medio ambiente y la organización.
- ⮞ Identificar los tipos de bioseguridad tanto interna como externa y su importancia y repercusión económica.
- ⮞ Gestionar los principales índices técnicos y saber interpretarlos de forma informatizada.
- ⮞ Aprender a manejar de manera responsable y sostenible los aspectos ambientales asociados a la producción porcina.
- ⮞ Gestionar todas las áreas funcionales de la explotación, así como del personal trabajador de la ganadería.

Identificación de la Bioseguridad

Contenido

Objetivos

El objetivo general de esta Unidad de Aprendizaje es:

→ Identificar los tipos de bioseguridad tanto interna como externa y su importancia y repercusión económica.

Los objetivos específicos de esta Unidad de Aprendizaje son:

→ Tener en cuenta la importancia de aplicar medidas de bioseguridad en las granjas.

→ Conocer la situación actual en el sector porcino.

→ Conocer los elementos, tanto internos como externos, para la bioseguridad en las granjas.

→ Implantar medidas de bioseguridad internas y externas en las granjas.

1. Introducción

La bioseguridad en las granjas de porcino desempeña un papel crítico en la protección de la salud animal y en la sostenibilidad económica de la industria porcina. En un entorno global donde las enfermedades animales representan una amenaza constante, la implementación eficaz de medidas de bioseguridad se vuelve indispensable.

La bioseguridad en las granjas porcinas madres es esencial para prevenir la entrada y propagación de enfermedades infecciosas, lo que podría afectar negativamente a la salud y productividad de los animales, así como a la viabilidad financiera de la operación. Además, estas medidas juegan un papel fundamental en la protección de la reputación y en la credibilidad del sector porcino en términos de calidad y seguridad alimentaria.

En términos económicos, la implementación efectiva de medidas de bioseguridad puede minimizar las pérdidas derivadas de enfermedades animales, como la reducción en la producción de carne, los costos adicionales de tratamiento veterinario y las interrupciones en el comercio internacional. Por lo tanto, la bioseguridad no solo protege la salud de los animales, sino que también contribuye a mantener la viabilidad financiera de las operaciones porcinas.

Existen elementos cruciales a considerar tanto interna como externamente para garantizar la eficacia de las medidas de bioseguridad. Desde el control de acceso y la higiene del personal hasta la vigilancia epidemiológica y la capacitación del personal, cada aspecto desempeña un papel esencial en la prevención de enfermedades y en la protección de la industria porcina.

En resumen, la identificación y aplicación efectiva de medidas de bioseguridad son esenciales para promover un entorno seguro y saludable en las granjas porcinas.

Para ello, nos vamos a basar en el caso de Fran, pues posee una granja de cerdas reproductoras y quiere mejorar la situación de la granja.

2. Importancia y/o repercusión económica

☞ **HILO CONDUCTOR**

Fran tiene en cuenta la importancia de la bioseguridad desde que el Ministerio de Agricultura, Pesca y Alimentación (MAPA) describe e implanta medidas para salvaguardar la bioseguridad en la explotación, algo que resulta en un alto rendimiento a largo plazo.

- -

El Ministerio de Agricultura, Pesca y Alimentación (MAPA) ya considera de especial importancia las medidas a tener en cuenta para la bioseguridad en el sector porcino. En este sentido, el MAPA indica que la bioseguridad en el sector porcino es crucial debido al riesgo de enfermedades infecciosas. Factores como la propagación de enfermedades en regiones vecinas y nuevas variantes virales aumentan este riesgo. Mantener medidas de bioseguridad adecuadas es esencial para prevenir enfermedades como la Peste Porcina Africana, la Fiebre Aftosa y la Diarrea Epidémica Porcina, así como para controlar enfermedades locales como la salmonela y el PRRS (virus del Síndrome Respiratorio y Reproductivo Porcino). Esto no solo garantiza una producción más alta y de mejor calidad, sino que también asegura que el sector porcino, un importante exportador, mantenga altos estándares sanitarios, esenciales para sus exportaciones en crecimiento.

 **DEFINICIÓN**

Bioseguridad
Conjunto de controles y medidas de salud e higiene para prevenir la introducción y propagación de enfermedades de infección por contagio.

- -

El MAPA propuso dar un impulso a la bioseguridad en el sector porcino implementando un plan estratégico de bioseguridad. Los objetivos del plan son los siguientes:

- ➲ **Evaluar.** Evaluar el nivel de bioseguridad general en las granjas porcinas.
- ➲ **Sensibilizar.** Sensibilizar sobre la importancia de aplicar medidas adecuadas de bioseguridad en estas granjas.

- **Analizar.** Analizar el riesgo específico de entrada y propagación de la enfermedad de Aujeszky.
- **Obtener certificación.** Obtener la certificación requerida para demostrar el cumplimiento de las condiciones de estabulación controlada según las normativas establecidas.
- **Revisar.** Revisar las medidas de bioseguridad en las granjas de origen cuando, en los canales de porcino, no se cumplan los criterios específicos establecidos en la regulación correspondiente.

Además, el plan incluye medidas de diversa índole:

- **Encuesta de bioseguridad.** La encuesta de bioseguridad en las explotaciones porcinas comerciales sirve para clasificar en distintos grupos de acuerdo con su nivel de bioseguridad, desde muy alta hasta muy baja. Estas encuestas son verificadas por los Servicios Oficiales de las Comunidades Autónomas y quedan grabadas en una base de datos nacional llamada BIOSEGPOR.
- **Otras medidas.** Otras medidas de concienciación como publicaciones, jornadas, material divulgativo, etc.

La bioseguridad puede considerarse como una herramienta efectiva en términos de coste y beneficio para prevenir la entrada y facilitar el control de las patologías que afectan al ganado porcino causando grandes pérdidas económicas debido a las caídas de los índices productivos. Por ello, hay que considerar las inversiones en bioseguridad como mejoras necesarias y no como un gasto que la administración exige, permitiendo la competitividad entre las granjas de porcino. La bioseguridad no requiere una gran inversión, sino que más bien supone formación, un alto grado de concienciación y unos buenos hábitos de higiene en el día a día.

Se debe resaltar que las enfermedades animales producen grandes pérdidas para las explotaciones afectadas y estas pueden ser directas o indirectas:

Directas	Las pérdidas directas son las producidas por las enfermedades como, por ejemplo, muertes, abortos, empeoramiento de índices productivos, tratamientos veterinarios, etc., así como las derivadas de las medidas de control y erradicación aplicadas por los servicios veterinarios oficiales.
Indirectas	Las pérdidas indirectas son las derivadas de las restricciones comerciales por parte de los países importadores a los exportadores al verse afectados por enfermedades de declaración obligatoria.

La bioseguridad en las granjas porcinas madres es de vital importancia tanto desde una perspectiva sanitaria como económica. Aquí mostramos algunas razones clave por las cuales la bioseguridad tiene una repercusión económica significativa:

- **Prevención de enfermedades.** La implementación adecuada de medidas de bioseguridad ayuda a prevenir la entrada y la propagación de enfermedades en las granjas porcinas. Las enfermedades pueden causar la muerte en los animales, reducir la tasa de crecimiento y la eficiencia de conversión alimenticia, así como aumentar los costos de tratamiento veterinario. Al mantener a los animales sanos, se reduce la necesidad de tratamientos médicos costosos y se optimiza la producción.
- **Mejora de la eficiencia productiva.** Un entorno libre de enfermedades y con altos estándares de bioseguridad permite a los animales expresar su máximo potencial genético. Esto se traduce en una mejor tasa de crecimiento, mayor eficiencia alimenticia y una mayor producción de lechones, lo que contribuye a maximizar los ingresos de la granja.
- **Reducción de pérdidas económicas.** Las enfermedades en las granjas porcinas pueden tener consecuencias económicas devastadoras, como la necesidad de sacrificar a los animales enfermos o destruir productos contaminados, lo que conlleva pérdidas directas. Además, las restricciones comerciales impuestas debido a la presencia de enfermedades pueden limitar el acceso a mercados y reducir los ingresos potenciales de exportación.
- **Protección de la reputación y la confianza del consumidor.** Las prácticas de bioseguridad sólidas no solo protegen la salud de los animales, sino que también salvaguardan la seguridad alimentaria y la reputación de la granja. Los consumidores tienen una creciente conciencia sobre la calidad e inocuidad de los productos porcinos, y están dispuestos a pagar más por productos de alta calidad que estén producidos de manera sostenible. La implementación de medidas de bioseguridad puede ayudar a mantener la confianza del consumidor y proteger la reputación de la granja.

En resumen, la bioseguridad en las granjas porcinas madres tiene una repercusión económica significativa al prevenir enfermedades, mejorar la eficiencia productiva, reducir pérdidas económicas y proteger la reputación del negocio. Por lo tanto, invertir en medidas de bioseguridad es fundamental para garantizar la rentabilidad y sostenibilidad de las operaciones porcinas a largo plazo.

3. Situación global de las granjas

☞ HILO CONDUCTOR

Para saber cuál es la situación global de las granjas según el ministerio, Fran acude a la web del MAPA y estudia el censo actual en la ganadería porcina, concretamente en las granjas de producción de lechones.

Según los datos ofrecidos por el MAPA, el sector porcino español tiene una importancia clave en la economía de nuestro país, pues supone en torno al 14 % de la producción final agraria. Dentro de las producciones ganaderas, el sector porcino ocupa el primer lugar en cuanto a su importancia económica alcanzando cerca del 39 % de la producción final ganadera.

El mismo ministerio también indica que, a nivel mundial, la UE-28 es el segundo productor de carne de porcino, después de China. Individualmente, España es la cuarta potencia productora después de China, EE. UU. y Alemania, mientras que, a nivel europeo, España ocupa el segundo en producción con un 19 % de las toneladas producidas, simplemente por detrás de Alemania, y, además, es el primer país de la UE en censo con cerca del 21 % del censo comunitario.

Durante los últimos años, el sector porcino ha crecido notablemente en producción, en censos y en el número de explotaciones gracias al empuje de los mercados exteriores apoyado, a su vez, en la competitividad del sector en el mercado mundial.

Los datos del MAPA concluyen que este aumento de la producción ha incrementado la ya elevada tasa de autoabastecimiento, lo que convierte a la exportación en un elemento esencial para el equilibrio del mercado. Con una balanza comercial muy positiva, España se ha consolidado como el segundo mayor exportador de porcino de la UE, solo por detrás de Alemania, aumentando espectacularmente las exportaciones a terceros países, especialmente a China y otros países del Sudeste Asiático.

En España, la producción total de porcino no ibérico se diferencia entre lechones, cerdos de 20-49 kg de peso vivo, el total de cerdos de cebo (desde 50 kg a más de 109 kg de peso vivo), verracos y el total de cerdas reproductoras tal y como se observa en la siguiente gráfica.

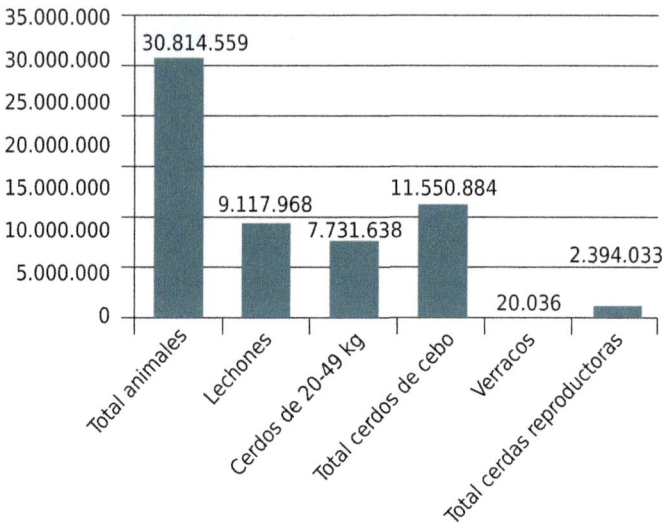

En esta gráfica podemos observar, según los datos oficiales del MAPA obtenidos en su última encuesta oficial realizada en mayo de 2023, que en
España existen un total de 30.814.559 animales destinados a la producción
de cerdo no ibérico. De los cuales la mayor parte se encuentran entre los
cerdos de cebo. En lo que nos interesa en este tema, el total de cerdas reproductoras es de 2.394.033.

Si analizamos el total de animales por comunidades autónomas observamos la siguiente gráfica:

Porcentaje de animales producidos en total en cada comunidad autónoma

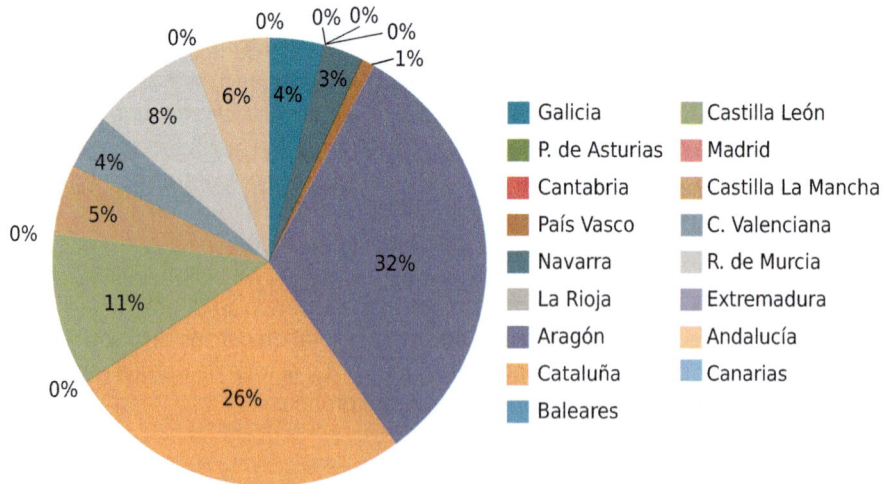

Según los últimos datos oficiales del MAPA a fecha de mayo de 2023, se observa que Aragón ocupa el primer lugar al tener más cabezas de ganado porcino, un 32 % del total en España, seguido de Cataluña (26 %) y Castilla y León (11 %). Andalucía ocupa el quinto lugar en cabezas de ganado con un 6 % del total de España, siendo Almería la más productora seguida por Sevilla y Granada.

Si nos centramos en las granjas de porcino madres, según los datos oficiales del MAPA a fecha de mayo de 2023, obtenemos:

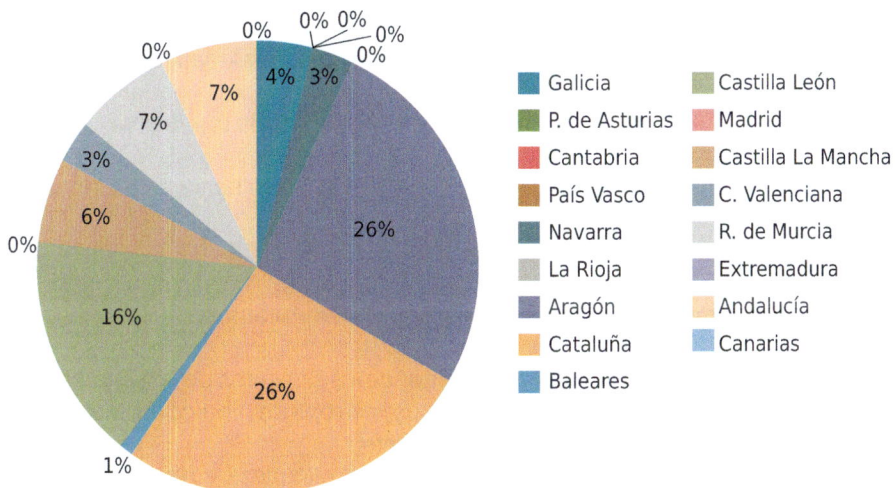

Porcentaje del total de cerdas reproductoras en cada comunidad autónoma

En este caso observamos que Cataluña y Aragón tienen el 26 %, cada una del total de cabezas de ganado en España y Castilla y León ocupa el tercer lugar con un 16 %. Andalucía ocupa de nuevo el quinto lugar a nivel nacional aportando un 7 % del total de cerdas reproductoras en España, siendo Granada la que más cabezas de ganado aporta seguidas de Sevilla y Málaga.

 ACTIVIDAD COMPLEMENTARIA

1. Busca información actualizada a mayo de 2024 sobre la situación de los cerdos ibéricos en cuanto al censo. Para ello, elabora un gráfico por comunidades autónomas y utiliza la página web del ministerio correspondiente.

4. Elementos y protocolos de la bioseguridad interna

☞ HILO CONDUCTOR

La ganadería de Fran quiere mejorar en bioseguridad interna, por lo que aprende a identificar los elementos a tener en cuenta y los protocolos a seguir.

Los protocolos de bioseguridad en las granjas de porcino son fundamentales para prevenir la entrada y propagación de enfermedades que pueden afectar a los animales y a la producción. Estos protocolos pueden variar según las regulaciones locales y las mejores prácticas de la industria.

Los elementos a tener en cuenta para el control de la bioseguridad interna son:

- **Control de acceso.** Limitar y controlar el acceso a la granja, permitiendo la entrada solo al personal autorizado y a los visitantes previamente desinfectados.
- **Higiene del personal.** Implementar procedimientos de higiene rigurosos para el personal, incluyendo el uso de ropa de protección, botas desinfectadas y lavado de manos frecuente.
- **Desinfección.** Mantener un programa de limpieza y desinfección exhaustiva en todas las áreas de la granja, incluyendo las instalaciones de alojamiento de los cerdos, los equipos y los vehículos.
- **Control de animales.** Limitar el movimiento de animales dentro de la granja y entre áreas, evitando la introducción de cerdos de origen desconocido y manteniendo medidas de cuarentena cuando sea necesario.
- **Manejo de residuos.** Implementar prácticas seguras para la eliminación de residuos, incluyendo la adecuada disposición de los cadáveres de animales y los desechos biológicos.
- **Monitoreo de salud.** Establecer un programa de monitoreo de salud animal para detectar y controlar enfermedades de manera temprana.

A continuación se detallan uno a uno.

4.1. Control de acceso

El control de acceso está diseñado para prevenir la entrada de patógenos y enfermedades a la granja. Para ello, se debe tener en cuenta:

- **Establecer puntos de acceso.** Se establecen puntos de acceso específicos y se restringe la entrada a personas no autorizadas. Esto puede incluir la instalación de puertas con cerraduras, barreras físicas y letreros que indiquen la política de acceso.
- **Personal autorizado.** El personal autorizado debe identificarse al ingresar y registrarse en un registro de visitantes para facilitar el seguimiento y la comunicación en caso de emergencia.
- **Estaciones de desinfección.** Se instalan estaciones de desinfección en los puntos de acceso para que el personal y los visitantes se desinfecten tanto las manos y como el calzado.
- **Capacitación.** El personal recibe capacitación sobre el control de acceso y las políticas de bioseguridad.
- **Limitar acceso.** Se limita el acceso de personas externas a la granja y se establecen políticas claras sobre quién puede ingresar y con qué propósito.
- **Registro detallado.** Se lleva un registro detallado de actividades y visitas para gestionar la bioseguridad e identificar posibles fuentes de contaminación.

4.2. Higiene del personal

El personal puede ser una fuente potencial de introducción de patógenos a las instalaciones por ello se deben tener en cuenta:

- **Equipo de protección individual.** Usar equipos de protección individual.
- **Lavarse las manos.** Lavarse las manos en los puntos situados para ello.
- **Desinfección del calzado.** Desinfectar el calzado en los puntos de acceso a la granja.
- **Prohibición.** Prohibición de fumar, comer y beber.
- **Capacitación.** Tener al personal capacitado y concienciado sobre los riesgos de la contaminación para seguir los protocolos de higiene establecidos.
- **Supervisar.** Supervisar y hacer cumplir las prácticas de higiene del personal mediante auditorías, revisiones de cumplimiento o medidas disciplinarias.

4.3. Desinfección

Ayuda a eliminar o reducir la presencia de agentes patógenos en las instalaciones y minimiza el riesgo de propagación de enfermedades, para ello se debe:

- **Establecer un programa.** Establecer un programa de desinfección que incluya la limpieza y desinfección de todas las áreas, incluyendo las instalaciones de alojamiento de cerdos y de los alimentos, así como comederos, bebederos, equipos y herramientas utilizadas. Debe hacerse de manera periódica siguiendo un cronograma.
- **Aplicación de desinfectantes.** Aplicación correcta de desinfectantes adecuados siguiendo las instrucciones del fabricante.
- **Desinfección de vehículos.** La desinfección de vehículos, tanto los que entran como los que salen. En la granja debe existir un punto de limpieza o vado sanitario por el cual deben pasar los vehículos para evitar la entrada de agentes patógenos.
- **Desinfección de calzado y ropa.** Se debe desinfectar el calzado y la ropa para prevenir la presencia de agentes patógenos.

4.4. Control de animales

El control de animales es una medida fundamental de bioseguridad interna, esta medida tiene en cuenta:

- **Limitación de movimientos.** Limitar los movimientos dentro de la granja y entre ciertas áreas específicas mediante barreras físicas o sistemas de control de acceso.
- **Cuarentena.** Poner en cuarentena a los animales de nuevo ingreso.
- **Prohibición.** Prohibir la entrada a visitantes externos.
- **Desinfección.** Desinfectar los equipos utilizados en el manejo de los animales.
- **Monitoreo.** Monitorear la salud de los animales mediante exámenes clínicos, observar para detectar signos de enfermedad y disponer de los datos necesarios sobre las enfermedades de declaración obligatoria.
- **Control de roedores.** Controlar la presencia de roedores y vectores mediante trampas, barreras físicas o uso de productos químicos.

4.5. Manejo de residuos

Un buen manejo de los residuos ayuda a prevenir la propagación de enfermedades y la contaminación ambiental. Para ello, se debe:

1. **Separación.** Separa por distintos tipos de residuos para facilitar su manejo como restos de alimentos, materiales de limpieza o estiércol.
2. **Áreas.** Designar áreas específicas de almacenamiento temporal de residuos, lejos de las áreas de producción y de fuentes de agua potable en contenedores y cubiertos.
3. **Tratamiento.** El tratamiento adecuado de los residuos como el compostaje es esencial para prevenir la contaminación del suelo y del agua.
4. **Eliminación.** Eliminar controladamente los residuos siguiendo la normativa vigente.
5. **Limpieza.** Limpiar y desinfectar las zonas de residuos una vez vacías.
6. **Controles.** Realizar controles regulares mediante un monitoreo ambiental para evitar problemas de contaminación.

4.6. Monitoreo de salud

Está diseñada para detectar y controlar enfermedades de manera temprana, para eso se deben realizar:

- **Exámenes clínicos.** Realizar exámenes clínicos regulares para detectar signos de enfermedad.
- **Pruebas de laboratorio.** Realizar pruebas de laboratorio de sangre, serológicas, heces u otros tejidos para detectar enfermedades.
- **Parámetros de salud.** Monitorear los parámetros de salud como la temperatura corporal, la frecuencia cardíaca, la frecuencia respiratoria y el peso corporal.
- **Observación.** Observar el comportamiento de los animales, ya que algunos cambios en su comportamiento pueden ser indicativo de problemas de salud.
- **Registro.** Mantener un registro de historial médico incluyendo vacunaciones, tratamientos médicos y signos de enfermedades.
- **Asesoramiento.** Contar con el asesoramiento de los veterinarios.

5. Elementos y protocolos de la bioseguridad externa

👉 HILO CONDUCTOR

Fran también quiere mejorar la bioseguridad externa, por lo que también aprende a identificar los elementos a tener en cuenta y los protocolos a seguir.

- -

Al igual que los protocolos de bioseguridad interna, se deben establecer pautas para la bioseguridad externa para prevenir la entrada y propagación de enfermedades y vectores que pueden afectar a la granja.

Los elementos a tener en cuenta son:

- **Localización.** Alejada de núcleos urbanos, cumpliendo las normativas vigentes actuales y evitando la contaminación y la entrada de patógenos por el aire.
- **Control de entrada y salida de vehículos.** Implementar medidas para desinfectar los vehículos que ingresan y salen de la granja, así como restringir el acceso a personas no autorizadas.
- **Control de plagas y vectores.** Implementar programas de control de plagas para prevenir la entrada de roedores e insectos que puedan transmitir enfermedades.
- **Vigilancia epidemiológica.** Participar en programas de vigilancia epidemiológica para monitorear la presencia de enfermedades en la región y tomar medidas preventivas adicionales según sea necesario.
- **Capacitación del personal.** Proporcionar capacitación regular al personal sobre las prácticas de bioseguridad y los procedimientos de manejo de emergencias para garantizar su cumplimiento.

A continuación se detallan uno a uno.

5.1. Localización

La localización está diseñada para cumplir las normativas vigentes y seguir las pautas indicadas como, por ejemplo, las descritas a continuación:

Topografía y entorno
Un terreno ideal es uno montañoso o cerca del mar, así como un sitio elevado protegido del viento.

Distancia a otras granjas
Un radio menor a 2 km entre explotaciones supone un riesgo de contaminación entre granjas.

Zonas de bioseguridad
Establecer zonas de bioseguridad alrededor de la granja como vallados perimetrales y acceso controlado.

NOTA

A mayor número de animales, mayor es el riesgo en la bioseguridad. De este modo se puede establecer de forma orientativa en un entorno local:

- Riesgo bajo: <200 animales/km^2
- Riesgo medio: 201-600 animales/km^2
- Riesgo alto: 601-1.000 animales/km^2
- Riesgo muy alto >1.000 animales/km^2

5.2. Control de entrada y salida de vehículos

El control de entrada y salida de vehículos está diseñado para prevenir la introducción de enfermedades desde el exterior. Se debe tener en cuenta:

- **Puntos de entrada y salida.** Establecer puntos de entrada y salida de vehículos.
- **Inspeccionar vehículos.** Inspeccionar los vehículos que ingresen a la granja para detectar signos de contaminación.
- **Vados sanitarios.** Instalar vados sanitarios para la limpieza y desinfección del vehículo.
- **Restricciones de acceso.** Restringir el acceso a los vehículos ajenos e identificarlos.
- **Registro.** Llevar un registro de los visitantes para conocer el motivo de la visita.

5.3. Control de plagas y vectores

Se debe controlar la entrada de posibles vectores desde el exterior de la explotación, para ello se debe:

- ⊃ **Identificar y monitorear.** Identificar y monitorear las posibles plagas y vectores como roedores, aves, moscas, etc.
- ⊃ **Medidas físicas.** Implementar medidas físicas como el sellado de grietas y agujeros, la instalación de mallas que eviten la entrada de los vectores, etc.
- ⊃ **Productos químicos.** Usar productos químicos en caso necesario para eliminar las posibles plagas.
- ⊃ **Control biológico.** Implementar un control biológico como la introducción de depredadores naturales de plagas o prácticas agrícolas que promuevan la biodiversidad y reduzcan los vectores.
- ⊃ **Higiene.** Establecer procedimientos de higiene y limpieza.

5.4. Vigilancia epidemiológica

Se monitorea la presencia y propagación de enfermedades en áreas circundantes, para ello se debe:

1. **Monitorear.** Se realiza un monitoreo constante de la presencia y prevalencia de enfermedades relevantes para la industria porcina en las regiones circundantes a la granja, tales como la Peste Porcina Africana (PPA) o el Síndrome Respiratorio y Reproductivo Porcino (SRRP).
2. **Programas de vigilancia.** Se participa en programas de vigilancia epidemiológica a nivel regional o nacional. Estos programas pueden incluir la recolección y análisis de muestras de animales, agua, suelo y aire para detectar la presencia de patógenos específicos.
3. **Comunicar.** Se establece una comunicación regular con las autoridades sanitarias locales y regionales para informar sobre cualquier sospecha de enfermedad y para recibir asesoramiento sobre las medidas preventivas y de control correspondientes. Esto ayuda a coordinar una respuesta rápida y efectiva en caso de brotes de enfermedades.
4. **Intercambiar.** Se comparte información sobre enfermedades y brotes contra operaciones ganaderas en la región, así como con organizaciones profesionales y asociaciones del sector.
5. **Investigar.** En caso de brotes de enfermedades, se lleva a cabo una investigación detallada para determinar la fuente y la causa del brote, así como implementar medidas correctivas y prevenir la propagación a otras granjas porcinas en la región.

5.5. Capacitación del personal

Capacitar al personal sobre las medidas de bioseguridad externa es de gran importancia, ya que un personal bien informado y entrenado previene la entrada y propagación de enfermedades, en este sentido se deben seguir los siguientes aspectos:

- **Bioseguridad.** Capacitar al personal sobre la importancia de la bioseguridad y de los procedimientos a seguir en la entrada y salida de vehículos.
- **Control de plagas.** Capacitar al personal en control de plagas y las prácticas para prevenir su entrada en las instalaciones.
- **Vigilancia epidemiológica.** Capacitar al personal sobre la importancia de vigilancia epidemiológica y detectar signos de enfermedades.
- **Operativos.** Desarrollar los operativos estándares para todas las actividades de la granja.
- **Actualizar.** Actualizar continuamente mediante la capacitación continua para mantener al personal al tanto de las últimas prácticas en bioseguridad.

 TAREA 1

Imagina que te encargas de la gerencia de una granja que se encuentra ubicada en una zona rural. Recientemente, has notado un aumento en los casos de enfermedades respiratorias en tus animales, lo que ha afectado negativamente a la productividad de la granja. ¿Qué medidas de bioseguridad, tanto internas como externas, deberías implementar para abordar la situación?

6. Resumen

El Ministerio de Agricultura, Pesca y Alimentación (MAPA) ya considera de especial importancia las medidas a tener en cuenta para la bioseguridad en el sector porcino, por lo que propuso dar un impulso a la bioseguridad en el sector porcino implementando un plan estratégico de bioseguridad.

Según los datos ofrecidos por el MAPA, el sector porcino español tiene una importancia clave en la economía de nuestro país, pues supone en torno al 14 % de la producción final agraria. Aragón es la comunidad autónoma principal en número de cabezas de ganadería porcina y comparte con Cataluña el mayor número de cerdas reproductoras.

Los protocolos de bioseguridad en las granjas de porcino son fundamentales para prevenir la entrada y propagación de enfermedades que pueden afectar a los animales y a la producción. Estos protocolos pueden variar según las regulaciones locales y las mejores prácticas de la industria.

Ejercicios de autoevaluación
Unidad de Aprendizaje 1

1. ¿Cuál de los siguientes no es un objetivo del plan estratégico de bioseguridad del MAPA?

    a. Evaluar el nivel de bioseguridad.
    b. Obtener la certificación requerida para demostrar el cumplimiento de las condiciones de estabulación controlada según las normativas establecidas.
    c. Disminuir la eficiencia productiva.
    d. Sensibilizar sobre la importancia de aplicar medidas adecuadas de bioseguridad en estas granjas.

2. De las siguientes frases, indica cuál es verdadera o falsa:

    a. Las pérdidas directas incluyen las derivadas de las restricciones comerciales por parte de los países importadores a los exportadores al verse afectados por enfermedades de declaración obligatoria.

        ■ Verdadero
        ■ Falso

    b. Un entorno libre de enfermedades y con altos estándares de bioseguridad permite a los animales expresar su máximo potencial genético.

        ■ Verdadero
        ■ Falso

    c. Las prácticas de bioseguridad sólidas no solo protegen la salud de los animales, sino que también salvaguardan la seguridad alimentaria y la reputación de la granja.

        ■ Verdadero
        ■ Falso

3. ¿Cuál de los siguientes no es un elemento de bioseguridad interna?

    a. Control de los trabajadores
    b. Desinfección

c. Control de los animales

d. Higiene del personal

4. Para el control de acceso como medida de seguridad interna, se debe:

a. Se establecen puntos de acceso específicos y se restringe la entrada a personas no autorizadas.

b. Se instalan estaciones de desinfección en los puntos de acceso para que el personal y visitantes desinfecten manos y calzado.

c. Se lleva un registro detallado de actividades y visitas para gestionar la bioseguridad e identificar así posibles fuentes de contaminación.

d. Todas las opciones son correctas.

5. ¿Cuál de las siguientes pautas de localización como medida externa no es correcta?

a. Un terreno ideal es uno montañoso o cerca del mar o un sitio elevado protegido del viento.

b. Vacunaciones, tratamientos veterinarios, diagnósticos de enfermedades.

c. Establecer zonas de bioseguridad alrededor de la granja como vallados perimetrales y acceso controlado.

d. Un radio menor a 2 km entre explotaciones supone un riesgo de contaminación entre granjas.

Análisis de la Gestión Documental

Contenido

Objetivos

El objetivo general de esta Unidad de Aprendizaje es:

→ Gestionar los principales índices técnicos y saber interpretarlos de forma informatizada.

Los objetivos específicos de esta Unidad de Aprendizaje son:

→ Informatizar los índices técnicos de la ganadería.

→ Conocer los requerimientos mínimos de las recetas veterinarias.

→ Tener claras las generalidades de transporte de animales.

→ Desarrollar un programa de gestión.

1. Introducción

El control de producción en el ganado porcino madre juega un papel crucial para garantizar la eficiencia y la rentabilidad de la explotación. Con el avance de la tecnología, la informatización del control productivo se ha convertido en una herramienta indispensable para los ganaderos, permitiendo una gestión más eficaz y precisa de todas las operaciones relacionadas con la producción porcina.

La interpretación de los resultados se ha vuelto esencial, ya que proporciona información valiosa sobre el rendimiento del rebaño y ayuda a identificar áreas de mejora. En este sentido, la implementación de programas de gestión porcina facilita la recopilación y el análisis de datos, permitiendo una interpretación más detallada de los resultados y una toma de decisiones más informada.

Además, en el contexto de la salud animal, los requisitos de las recetas veterinarias son de suma importancia. Estas recetas garantizan el uso adecuado y seguro de medicamentos veterinarios, ayudando a prevenir enfermedades y a mantener la salud del rebaño.

Por otro lado, las guías de traslados de animales son documentos legales que regulan el movimiento de animales entre diferentes explotaciones, asegurando el cumplimiento de las normativas sanitarias y de bienestar animal.

En esta unidad nos vamos a basar en el caso de Fran, quien quiere digitalizar todos los procesos que se dan en su ganadería para mejorar su gestión documental, aclarar cómo funcionan las recetas y saber cómo realizar el transporte de forma segura.

2. Control de producción

 HILO CONDUCTOR

Fran está revisando toda la documentación que tiene y quiere observar si todos los datos técnicos están correctos. Para ello, echa un vistazo a los libros de ganadería porcina que tiene y los estudia en profundidad.

Debe distinguirse desde el principio la dinámica a seguir cuando se crían animales. El éxito de un reproductor depende en gran medida del proceso desde su nacimiento hasta el rebaño de destino. Existen una serie de criterios para la elección de una buena madre reproductora, estos son:

Características morfológicas
Buenos aplomos, más de doce mamas funcionales, aparato reproductor bien conformado y el ajuste al tipo racial si se busca una raza pura.

Cualidades reproductivas
Fecundidad, fertilidad, prolificidad, producción de leche y cuidado de las crías.

Cualidades carniceras
Buena ganancia media diaria en peso, un buen índice de conversión y la calidad de la canal.

DEFINICIÓN

Índice de conversión
Es la relación entre la cantidad de alimento consumido por el cerdo sobre el aumento de peso en un periodo determinado.

- -

Elegida la madre se deben conocer los parámetros reproductivos de la cerda:

- Ciclo ovárico: 21 días.
- Duración del celo: entre 48 y 72 h.
- Ovulación: dura entre 24 y 36 h desde el inicio del celo.
- Gestación: 114 días (3 meses, 3 semanas y 3 días).
- El celo aparece a los 3-7 días tras el destete (para el 70-80 % de las cerdas) o entre los 7-10 días (para el 10-20 % de las cerdas) y más de 10 días para algunas cerdas. Si se trata de una cerda que se va a inseminar por primera vez, la primera cubrición se realiza a los 7 meses.

La eficacia reproductiva de la cerda viene determinada, por un lado, por el momento de inicio de la vida reproductiva y la duración de esta y, por otro lado, por la duración de cada ciclo reproductivo y la eficacia reproductiva del mismo, relacionada con la prolificidad y la mortalidad de los lechones antes del destete.

Los días no productivos de las cerdas dentro del ciclo reproductivo pueden deberse a la ausencia de celo (anoestro), a la ausencia de concepciones y reabsorciones embrionarias totales (ambos casos son repeticiones de celo) o a los abortos.

El primer ciclo reproductivo (CR) se inicia en el momento de la primera cubrición, por lo que el primer ciclo reproductivo (CR) sería:

$$CR = G + L$$

La suma de la gestación (G) más la duración de la lactación (L).

El resto de ciclos reproductivos incluyen la fase de intervalo destete-cubrición fértil (Id-cf). Esta fase ocurre desde que se desteta a la cerda de la madre hasta que se cubre por primera vez. Por tanto, el ciclo reproductivo se determina:

$$CR = Id - cf + G + L$$

La suma del intervalo destete-cubrición fértil más la gestación (G) más la duración de la lactación (L).

El intervalo destete-cubrición fértil suele durar entre 12-18 días con una media de 15 días, aunque en la mayoría de las cerdas puede darse entre los 3 y 9 días. En las cerdas que se repite la cubrición una vez ocurre a los 24-30 días (21 días después, que es la duración del ciclo ovárico), en las cerdas que se repite una segunda vez la cubrición fértil se da entre los 45-51 días. Si han pasado más de 60 días se considera una cerda vacía, es decir, que no se ha conseguido cubrir y, por lo tanto, se le consideraría un animal improductivo.

 **NOTA**

Pueden aparecer celos silentes a los 25-30 días posdestete, son aquellos en los que la cerda no muestra signos de estar en celo.

- -

La duración del ciclo reproductivo suele estar entre los 140 y 190 días (con una media de 155 días) para conseguir tener entre 2 y 2,6 partos al año (con una media de 2,35 partos al año).

Se debe conseguir maximizar el rendimiento de la producción de la cerda. La eficacia reproductiva depende de:

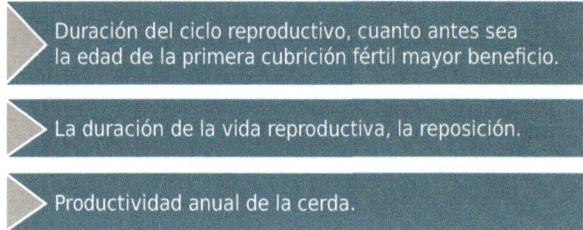

Duración del ciclo reproductivo, cuanto antes sea la edad de la primera cubrición fértil mayor beneficio.

La duración de la vida reproductiva, la reposición.

Productividad anual de la cerda.

Puede ocurrir que haya que reponer a las cerdas por la edad (con más de 7 u 8 partos ya se debe considerar la reposición de la hembra), por muerte, accidentes por problemas locomotores, por causas reproductivas como el aborto, la ausencia de celos, las reiteradas repeticiones en la cubrición el escaso número de lechones nacidos (<8) y los lechones destetados (<8).

La productividad anual de la cerda depende del número de lechones destetados por año, el número de partos, la fecundidad, la fertilidad, la mortalidad de los lechones en el parto y la lactación (que suele durar entre 21-28 días).

La productividad de la cerda también puede estar influenciada por las características propias de los reproductores como la genética, las condiciones ambientales de la explotación en cuanto a temperatura, la humedad relativa, la ventilación y el manejo del ganadero durante la reproducción, la alimentación, la sanidad, etc.

La prolificidad es otro de los componentes de la productividad numérica de las cerdas reproductoras, el tamaño promedio de la camada, nacidos vivos, suele ser de 11-12 lechones. Pueden existir fallos reproductivos (1-10 % de las veces), mortalidad embrionaria (25-30 %) o mortalidad fetal y abortos (10 %). Los lechones nacidos muertos durante el parto pueden deberse a bajo peso, debilidad o falta de oxígeno.

APLICACIÓN PRÁCTICA

Indica cuántos días tarda el ciclo reproductivo de una cerda que ya ha parido anteriormente y que se cubre de forma fértil por segunda vez, ya que en la primera cubrición tras el destete a los 15 días tuvo problemas de reabsorción fetal y que de media su ciclo de lactación es de 23 días.

Solución

Siguiendo la fórmula CR = Id – cf + G + L, la gestación tiene un total de 114 días, nos dan el dato de lactación de 23 días y el dato de la cubrición tras el destete que fue a los 15 días. Sin embargo, al no resultar esa primera cubrición como fértil, pero sí la segunda, se deben sumar los 21 días del ciclo ovárico de la cerda al dato de la primera cubrición para tener el dato del intervalo destete-cubrición fértil y la suma de los 3 elementos hace el total del ciclo reproductivo.

3. Informatización del control productivo

☞ HILO CONDUCTOR

Una vez aclarados cuáles son todos los índices técnicos, Fran decide informatizar todos los datos. Para ello, consulta todas las posibilidades de programas de gestión que existen y sus características.

En los últimos años, la producción porcina ha experimentado cambios dinámicos en todo el mundo, impulsados por avances tecnológicos en la cría de cerdos. Estos cambios buscan aumentar la eficiencia de la producción, lo que demanda una optimización y un enfoque integral en el manejo del rebaño. El bienestar y la salud animal son aspectos clave en este proceso, ya que garantizan el éxito en el logro de estos objetivos.

La salud de los cerdos en la granja es fundamental para la rentabilidad de la producción porcina. Es crucial mantener la salud del ganado mediante la prevención de enfermedades y la reducción del uso de antibióticos. Esto forma parte de una estrategia de gestión bien establecida para mantener la salud óptima de los rebaños y maximizar su potencial de producción.

Gracias al empleo de sensores como cámaras, micrófonos, acelerómetros y transpondedores de identificación por radiofrecuencia, se recopilan imágenes, sonidos, movimientos y signos vitales de los animales. Estos datos son procesados mediante algoritmos para realizar un monitoreo no invasivo de los animales. Esta tecnología permite la detección precoz de enfermedades, mejora el bienestar de los animales y aumenta la productividad en la cría.

Toda esta información recopilada forma una imagen digital de la explotación que ofrece varios beneficios:

- **Mejora de la trazabilidad del bienestar animal.** La monitorización constante de la actividad de los animales permite seguir la evolución de cada individuo a lo largo de su ciclo productivo. Esto facilita la identificación de animales con una actividad adecuada, así como la observación de los patrones de alimentación y el descanso que impactan en la productividad y en el confort de los animales.
- **Incremento de la capacidad de decisión del ganadero.** La plataforma proporciona esta información a los ganaderos a través de una aplicación conectada a esta. Las alertas generadas permiten una respuesta rápida ante comportamientos anómalos de los animales bajo control, lo que permite tomar decisiones informadas de manera oportuna.
- **Mejora del conocimiento de las explotaciones.** Al integrar datos de múltiples explotaciones en una única plataforma, se pueden identificar sinergias y mejorar los servicios ofrecidos, lo que contribuye a una gestión más eficiente y efectiva de las explotaciones.

Existen sistemas de gestión utilizados en la industria porcina para administrar y supervisar todas las operaciones relacionadas con la producción porcina. Algunos de estos sistemas de gestión porcina son Isaporc, PigCHAMP, Porcitec, FarmaGestión, etc.

Estos programas están diseñados para ayudar a los productores porcinos a gestionar eficazmente todas las actividades relacionadas con la producción porcina, tales como gestionar la reproducción, la alimentación, la salud, el bienestar animal y otros aspectos de la producción porcina de manera eficiente y rentable.

Algunas de las características comunes de los programas de gestión porcina incluyen:

- **Códigos de barras.** Se manejan mediante códigos de barras, códigos QR e identificación electrónica.

- **Fuera de línea.** Pueden trabajar fuera de línea, por lo que simplemente necesitan internet en los momentos de sincronización.
- **Registro y seguimiento.** Registro y seguimiento de cerdas, lechones y cerdos en crecimiento.
- **Gestión de la reproducción.** Gestión de la reproducción, incluyendo registros de cubriciones o inseminaciones, partos y destetes, número de animales nacidos vivos y/o muertos.
- **Alimentación.** Control de la alimentación mediante herramientas para formular dietas y gestionar el suministro de alimentos.
- **Salud animal.** Registro y seguimiento de la salud animal con funciones para el control de enfermedades y tratamientos.
- **Análisis de datos.** Análisis de datos y generación de informes para evaluar el rendimiento de la granja y tomar decisiones informadas.
- **Exportación de datos.** Exportación de datos a *Excel* o PDF.
- **Tiempo real.** Observación a tiempo real de lo que ocurre en la granja.
- **Trazabilidad.** Seguimiento de la trazabilidad desde el nacimiento hasta el mercado.

En los últimos tiempos y con el rápido avance de la tecnología, la inteligencia artificial (IA) se ha convertido en una herramienta que está transformando significativamente la forma en que se gestionan las granjas y se crían los cerdos. Los pilares en los que se basa el uso de la IA son cuatro:

- **Digitalización.** La digitalización de los procesos.
- **Nube.** El *cloud* o la nube para desplegar los recursos.
- ***Big data.*** El *big data* o el tratamiento masivo de datos nos permitirá procesar todos los datos de forma conjunta para el análisis mediante IA.
- **IOT.** El IOT nos permitirá recoger datos importantes de sensores de la explotación como temperatura, humedad, pesos de animales, prevalencia de enfermedades, etc.

NOTA

El IOT, conocido como el internet de las cosas por sus siglas en inglés, se refiere a la red colectiva de dispositivos conectados y a la tecnología que facilita la comunicación entre los dispositivos y la nube, así como entre los propios.

Algunas áreas clave donde la IA puede tener un alto impacto son:

- **Monitoreo de la salud animal.** Los sistemas de IA pueden analizar datos biométricos y comportamentales para detectar signos tempranos de enfermedades o estrés en los cerdos. Esto permite a los productores intervenir rápidamente para garantizar el bienestar de los animales y prevenir la propagación de enfermedades.
- **Optimización de la alimentación y nutrición.** Los algoritmos de IA pueden procesar datos sobre la composición corporal de los cerdos, el rendimiento de la dieta y las condiciones ambientales para recomendar dietas personalizadas que maximicen el crecimiento y la salud de los animales, al tiempo que minimizan los costos de alimentación.
- **Gestión de la reproducción.** Los sistemas de IA pueden analizar datos genéticos y de rendimiento para ayudar a los productores a tomar decisiones informadas sobre la selección de reproductores, así como para la planificación de programas de reproducción, con el objetivo de mejorar la calidad de la descendencia y la eficiencia reproductiva.
- **Control del entorno y automatización.** Los sistemas de IA pueden integrarse con dispositivos de monitoreo ambiental y control automatizado para optimizar las condiciones dentro de las instalaciones porcinas, incluyendo la temperatura, la humedad y la calidad del aire. Esto ayuda a crear un entorno más cómodo y saludable para los cerdos, lo que puede mejorar su crecimiento y reducir el riesgo de enfermedades.
- **Predicción de rendimiento y gestión de datos.** La IA puede analizar grandes conjuntos de datos históricos en tiempo real para predecir el rendimiento futuro de los cerdos, incluyendo el crecimiento, la producción de carne y la calidad de la canal. Estas predicciones ayudan a los productores a tomar decisiones estratégicas sobre la gestión del inventario, la comercialización y la planificación de la producción.

4. Interpretación de resultados

👉 HILO CONDUCTOR

Por fin, Fran, se ha decidido a instalar uno de los programas y ha insertado todos los datos en el sistema, pero no tiene muy claro las gráficas y los resultados que salen en los informes del sistema, así que empieza a estudiarlos para aprender a interpretarlos.

Los programas de gestión, tal y como se comentó anteriormente, ofrecen los resultados de todos los índices destacados en la producción porcina ofreciendo gráficos, imágenes y datos numéricos que sirven para la interpretación de los resultados obtenidos.

La interpretación de los datos técnicos reproductivos en granjas porcinas es fundamental para evaluar el rendimiento del programa de reproducción y para tomar decisiones informadas para mejorar la eficiencia y la rentabilidad.

La interpretación de estos datos implica comparar los resultados con los objetivos establecidos y con los estándares de la industria. Además, es importante realizar un seguimiento de los datos a lo largo del tiempo para identificar tendencias y áreas de mejora. La implementación de medidas correctivas y la optimización de los procesos de manejo y nutrición pueden ayudar a mejorar los resultados reproductivos y, en última instancia, la rentabilidad de la granja porcina.

Algunas de las pautas a seguir para la interpretación de los datos son:

- **Comparación con objetivos y estándares de la industria.** Es importante tener metas claras y realistas para cada indicador reproductivo. Estas metas pueden variar según la genética de las cerdas, el sistema de producción y otros factores específicos de la granja.
  Los resultados deben compararse con los estándares de la industria y con los datos de referencia para evaluar el rendimiento relativo de la granja e identificar áreas de oportunidad.
- **Identificación de tendencias.** Los datos deben analizarse a lo largo del tiempo para identificar tendencias a largo plazo. Por ejemplo, si la tasa de concepción ha disminuido durante varios meses, podría indicar un problema subyacente que necesita ser abordado.
  El seguimiento de las tendencias puede ayudar a prevenir problemas reproductivos antes de que se conviertan en problemas graves y afecten significativamente a la rentabilidad de la granja.
- **Comparación con el historial de la granja.** Los resultados deben compararse con el historial de la granja para evaluar el progreso y determinar si se están logrando mejoras a lo largo del tiempo.
  El análisis del historial puede revelar patrones estacionales o factores externos que puedan influir en el rendimiento reproductivo y ayudar a la planificación de estrategias de manejo, nutrición, bioseguridad, etc.
- **Identificación de áreas de mejora.** Los datos reproductivos pueden proporcionar información valiosa sobre las áreas específicas que requieren atención y mejora. Por ejemplo, si la tasa de nacidos vivos es baja, podría ser necesario revisar los protocolos de manejo durante el parto o ajustar la nutrición de las cerdas u observar si se han seguido los protocolos de bioseguridad.

Es importante priorizar las áreas de mejora y desarrollar un plan de acción para abordarlas de manera efectiva, ya sea mediante cambios en el manejo, la nutrición, la genética u otros aspectos del sistema de producción.

⮑ **Consulta con expertos.** En algunos casos, puede ser útil buscar la orientación de expertos en reproducción porcina o consultores en gestión de granjas para interpretar los datos y desarrollar estrategias de mejora específicas para la granja.

 EJEMPLO

Se pueden ver los resultados del número de lechones dados de baja por distintas causas, tales como accidentes, aplastamientos, mordidos, deformados o por distintas enfermedades. Bajo el objetivo de seleccionar a una madre con una buena genética, se analiza cada dato para saber si puede tener problemas de comportamiento animal o genéticos, pues estos pueden transmitirse a la descendencia, además, también existe la posibilidad de homogeneizar las camadas para evitar comportamientos indeseados entre lechones.

 EJEMPLO

El análisis de la edad a la primera cubrición para conocer cuál es el promedio de edad y poder acortar el tiempo del ciclo reproductivo para maximizar el rendimiento de la producción.

Un ejemplo más puede ser la tarjeta de la cerda donde vienen los datos identificados en la tabla siguiente:

Madre: cerda 1 **Último suceso: destete** **en fecha 19/08/20XX**	Padre: verraco 1 Edad: 3 años Nacidos vivos al año: 30 Destetados/año: 28	
N.º de parto	2	3
Verraco	Verraco 1	Verraco 1

Continúa en página siguiente >>

<< Viene de página anterior

Madre: cerda 1 Último suceso: destete en fecha 19/08/20XX	Padre: verraco 1 Edad: 3 años Nacidos vivos al año: 30 Destetados/año: 28	
Intervalo entre partos	149	145
Cubriciones/monta	1/3	1/3
Duración de la gestación	115	114
Fecha del parto	27/02/20XX	21/07/20XX
Nacidos totales	14	16
Nacidos vivos	13	5
Nacidos muertos	0	9
Momificados	1	2
Fecha de destete	26/03/20XX	19/08/20XX
Adopción	0	7
Lechones muertos	0	0
Lechones destetados	12	12
Duración de la lactación	28	29
Edad al destete	28	29

Tarjeta de cerda

En este caso se puede observar que la cerda tiene problemas con el número de nacidos vivos en el segundo parto, por lo que se tuvo que hacer una homogeneización de camadas para poder tener a 12 lechones destetados. Si esto volviera a ocurrir en el siguiente parto, debería estudiarse si esta cerda es buena reproductora y cambiarla por otra si fuera el caso, no obstante, también debe evaluarse si lo ocurrido se debe a factores ambientales, genéticos, de producción o del propio estrés del animal u otros factores.

5. Requisitos de las recetas veterinarias

☞ HILO CONDUCTOR

Fran acude a una charla sobre los requisitos de las recetas veterinarias para aprender sobre los mismos, ya que es un tema que desconoce y necesita dominar.

- -

Los requisitos de las recetas veterinarias vienen definidas a nivel comunitario por el Reglamento (UE) 2019/6 del Parlamento Europeo y del Consejo, de 11 de diciembre de 2018, sobre medicamentos veterinarios y por el que se deroga la Directiva 2001/82/CE, y a nivel nacional por el Real Decreto 666/2023, de 18 de julio, por el que se regula la distribución, prescripción, dispensación y uso de medicamentos veterinarios, en este concretamente en el Anexo III se indican los datos mínimos de las prescripciones veterinarias.

Estos datos son:

a. Número identificativo de la receta.
b. Tipo de dispensación indicando si se trata de dispensación, de no dispensación o de botiquín veterinario.
c. Nombre completo, teléfono de contacto y, de manera opcional, la dirección de correo electrónico del titular o del responsable de los animales.
d. Código REGA (Registro General de Explotaciones Ganaderas) de la explotación.
e. Nombre de la especie de los animales objeto de tratamiento.
f. Identificación del animal o grupo de animales objeto de tratamiento. En la receta de grupo de animales, independientemente de si la especie cuenta con un código de identificación individual, se indicará bien el lote, con indicación expresa de la especie, la categoría de los animales que permita la identificación del grupo o bien la identificación individual de los estos. En la receta destinada a un único animal, debe indicarse si la especie tiene un código de identificación individual.
g. Número de animales incluidos en el tratamiento.
h. Fecha de emisión.
i. Nombre completo y datos de contacto del veterinario prescriptor con indicación expresa de un número de teléfono de contacto profesional, correo electrónico y número de colegiado. El número de colegiado no será necesario si se hace en un talonario expedido por la correspondiente organización colegial y el número de la receta comienza con esta información.

j. Firma del veterinario prescriptor o, en su caso, el registro electrónico de la emisión por el veterinario.

k. Nombre del medicamento prescrito y de su principio o principios activos.

l. Indicación de la clase de prescripción, ordinaria o excepcional.

m. Indicación para la que se prescribe.

n. Declaración de que los tratamientos con antimicrobianos se prescriben en la normativa: metafiláctico o profiláctico.

o. Forma farmacéutica y concentración.

p. Cantidad o número de envases prescritos, incluido el formato de estos.

q. Régimen posológico con indicación expresa de la vía de administración, dosis y duración del tratamiento, especificando el porcentaje total del envase estimado a utilizar en el tratamiento.

r. El tiempo de espera, aunque sea igual a cero.

s. Plazo de validez de la receta desde su firma hasta la dispensación o hasta el inicio de la fabricación en el caso de las autovacunas, que será de un mes. Sin embargo, este plazo será de:

1. Cinco días en el caso de tratamientos con un medicamento antimicrobiano, dentro de los cuales deberá iniciarse el tratamiento.

2. Tres meses en el caso de tratamientos periódicos o crónicos, que:

    1. Estén recogidos en el plan sanitario elaborado por el veterinario de la explotación en el caso de animales de producción.

    2. Sean tratamientos realizados por el veterinario de la agrupación de defensa sanitaria ganadera a la que pertenezca la explotación.

t. Cualquier advertencia necesaria para garantizar un uso correcto y, si procede, para garantizar un uso prudente, en concreto, en el caso de antimicrobianos.

En el anexo IV se indican los datos mínimos de comunicación de cada prescripción, los cuales son:

a. N.º de receta.

b. Nombre y los dos apellidos del prescriptor.

c. DNI del veterinario prescriptor.

d. N.º de colegiado.

e. Especie de destino conforme a la codificación REGA o la establecida por la comunidad autónoma competente.

f. Clase de prescripción: ordinaria o excepcional.

g. Clase de tratamiento: metafiláctico/profiláctico.

h. Tipo de dispensación, indicando si se trata de dispensación, de no dispensación o de botiquín veterinario.

i. Nombre del medicamento veterinario.

j. Principio o principios activos.

k. Forma farmacéutica.

l. Formato.

m. Para prescripciones de otras formas farmacéuticas distintas a piensos medicamentosos, número de envases de prescritos.

n. Para prescripciones de otras formas farmacéuticas distintas a piensos medicamentos; el porcentaje de envase total que se va a utilizar en el tratamiento.

o. Cantidad total de pienso medicamentoso expresado en kg.

p. Dosificación del medicamento veterinario para la administración vía pienso, entendida como una concentración de este.

q. Fecha de prescripción.

r. Número de registro REGA de la explotación en caso de animales de producción o código INE de la provincia en la que resida habitualmente el prescriptor.

s. Duración del tratamiento expresado en días.

6. Guías de traslados de animales

 HILO CONDUCTOR

Fran tiene que trasladar a un lote de animales y llama a la empresa de transportes para darles las indicaciones necesarias siguiendo la guía de traslados para que los animales no sufran estrés durante el viaje.

El traslado de los animales es una situación que, por lo general, provoca estrés en los animales; es por ello que dicho transporte debe realizarse siguiendo una serie de pautas que mejoren el bienestar de los animales durante el proceso de traslado.

El traslado de los animales podemos dividirlo en cuatro etapas principales:

1. **Planificación y preparación del viaje.** El viaje debería ser tan fluido y rápido como sea posible con la finalidad de limitar la exposición al estrés del transporte. El viaje debe ser planificado y preparado cuidadosamente. Un buen plan de viaje debe incluir:

   ◗ La descripción de la ruta.
   ◗ La meteorología.
   ◗ Los puntos de descanso si se trata de viajes largos.

◑ El plan de contingencia.
◑ El material para el lecho.
◑ La previsión de agua y comida.
◑ Un vehículo adecuado a los requerimientos del transporte de ganadería porcina, tales como el espacio o el ambiente.
◑ Asegurarse de que el vehículo está preparado en el lugar y a la hora acordados.
◑ Documentación requerida al día y disponible para las autoridades competentes.

2. **Carga de los animales.** La carga empieza cuando el animal se dirige hacia el vehículo y es uno de los momentos más estresantes. El diseño de las instalaciones debe facilitar la carga de los animales para evitar problemas de peleas entre ellos, con pasillo de paredes sólidas y las rampas de carga deben ser no resbaladizas y con un ángulo máximo de 20° de pendiente. La duración del tiempo de carga debe ser mínima para disminuir el estrés de los animales y el manejo de los animales debe ser adecuado para evitar que los cerdos tengan miedo. Para ello, se evitarán las luces brillantes, los ruidos o el uso de picas y se evitarán las distracciones que puedan hacer que el animal no continúe su avance.
Además, las cerdas y los verracos sexualmente maduros deben ser manejados por separado y las hembras próximas al parto no deben viajar.

3. **Viaje.** Los conductores tienen la misión más importante del transporte de ganado, puesto que asumen la responsabilidad y el bienestar de los animales hasta la llegada a su destino.
Durante el viaje, los aspectos más importantes a tener en cuenta para el animal son la disponibilidad de comida y bebida, el descanso y el ambiente térmico que se puedan encontrar.
Algunas de las buenas prácticas que se deben seguir durante la conducción son:

◑ Evitar frenazos bruscos.
◑ Mantener una aceleración constante.
◑ Descansar durante viajes largos.
◑ Evitar las horas punta y de máximo frío y calor, ya que los cerdos son muy sensibles.
◑ Ajustar la ventilación del vehículo si fuera necesario.
◑ Controlar el comportamiento de los animales durante los descansos (ritmo de respiración, jadeos, deshidratación, temblores, cojeras, etc.).
◑ Monitorizar el comportamiento de los animales dentro de sus compartimentos y registrar cualquier comportamiento anormal.

En caso de emergencia durante el viaje se debe tener un plan de contingencia, dar aviso a emergencias en carretera y proporcionar la protección y confort posible a los animales.

4. **Descarga.** La descarga supone otra situación de estrés para los animales debido a los cambios rápidos de su entorno cercano. Durante la
descarga debe observarse a los animales para comprobar su condición
general y si presentan signos de sufrimiento o deterioro.

Las áreas de descarga deben ser seguras y disponer de un camino
ancho, claro, recto y sin salientes que puedan arañar o entorpecer el
avance, con una rampa de descarga igual que la de carga con una incli-
nación menor a 20° y que no sea resbaladiza.

Una vez terminada la descarga se debe proceder a la limpieza y desinfección del vehículo completo, usando desinfectantes para eliminar
agentes patógenos, con agua fría y caliente suficiente y portando ropa
adecuada de seguridad. Por último, se deben eliminar los lechos sucios
y llevados a la zona de tratamiento de residuos de la instalación.

 TAREA 2

Imagina que eres la persona que se encarga de la gerencia de una granja y
quieres implementar un programa de gestión porcina para mejorar la eficiencia
y el control de la producción en la granja.

Fran se ha puesto en contacto con una empresa de *software* especializada en
soluciones para la industria porcina. Después de algunas reuniones y varios
análisis de las necesidades específicas de la granja, la empresa ha desarrollado
un programa de gestión personalizado, ¿cuáles son las funcionalidades que debe
incluir el programa de gestión?

7. Resumen

Para una correcta gestión se deben conocer los principales índices, algunos
de estos son el ciclo ovárico, la duración de la gestación, la lactación, el ciclo reproductivo, número de lechones destetados, etc.

La informatización del control productivo es un método actual para saber
gestionar toda la documentación para tenerla disponible al momento y con
ello tomar las mejores decisiones posibles para conseguir aumentar la producción. Incluso con la entrada de la inteligencia artificial se puede conseguir un alto impacto en la gestión de la granja.

Para interpretar los datos hay que seguir una serie de pautas que ayudan a identificar las áreas de mejora y, además, la interpretación de estos datos implica comparar los resultados con los objetivos establecidos y con los estándares de la industria.

Para garantizar la salud y el bienestar de los animales hay que conocer los requisitos necesarios que deben venir en las recetas veterinarias y asegurarse de un buen traslado de los animales.

Ejercicios de autoevaluación
Unidad de Aprendizaje 2

1. ¿Cuánto dura la gestación en una cerda?

    a. 2 meses
    b. 3 meses, 3 semanas y 3 días
    c. 3 semanas
    d. 100 días

2. De las siguientes frases, indica cuál es verdadera o falsa.

    a. Los días no productivos de las cerdas dentro de ciclo reproductivo, pueden deberse a la ausencia de celo (anoestro).

        ■ Verdadero
        ■ Falso

    b. La prolificidad es otro de los componentes de la productividad numérica de las cerdas reproductoras, el tamaño promedio de la camada, nacidos vivos, suele ser de 5-6 lechones.

        ■ Verdadero
        ■ Falso

    c. La monitorización constante de la actividad de los animales permite seguir la evolución de cada individuo a lo largo de su ciclo productivo.

        ■ Verdadero
        ■ Falso

3. ¿Cuál es uno de los pilares de la IA?

    a. Digitalización
    b. Nube y *big data*
    c. IOT
    d. Todas las opciones son correctas.

4. ¿Cuál de las siguientes es una de las pautas para la interpretación de los datos?

    a. La comparación con el historial de la granja
    b. El control del entorno y la automatización
    c. La exportación de datos
    d. Todas las opciones son correctas.

5. ¿Cuál no es un dato que deba venir en las prescripciones veterinarias?

    a. La fecha de emisión
    b. El nombre del medicamento prescrito y de su principio o principios activos
    c. La descripción de la ruta de viaje
    d. El número identificativo de la receta

Gestión medioambiental

Contenido

Objetivos

El objetivo general de esta Unidad de Aprendizaje es:

→ Aprender a manejar de manera responsable y sostenible los aspectos ambientales asociados a la producción porcina.

Los objetivos específicos de esta Unidad de Aprendizaje son:

→ Abordar la gestión de residuos como las deyecciones y los purines para minimizar sus efectos ambientales.

→ Introducir al alumnado en el conocimiento de las mejores técnicas disponibles para una correcta gestión medioambiental y una mejora en la eficiencia energética.

→ Proporcionar conocimientos sobre los requisitos legales y los procedimientos para obtener licencias ambientales.

→ Implementar medidas que permitan un control más efectivo de las deyecciones y una gestión más eficiente de los purines, cumpliendo con los requerimientos normativos y promoviendo la eficiencia energética.

1. Introducción

La gestión ambiental es un aspecto crucial para garantizar la sostenibilidad y minimizar el impacto negativo en el entorno. Uno de los principales desafíos es el control adecuado de las deyecciones, que pueden causar la contaminación del suelo y del agua si no se gestionan correctamente. Para abordar esto se utilizan mejoras técnicas disponibles que permiten reducir el volumen y mejorar la calidad de los residuos generados.

La gestión de purines también es fundamental, ya que estos residuos pueden contener compuestos que afectan al medioambiente si no se manejan adecuadamente. Se requiere cumplir con los requerimientos normativos medioambientales específicos y obtener licencias ambientales que aseguren el cumplimiento de las regulaciones vigentes y promuevan prácticas responsables.

Además, se promueve la eficiencia energética en las instalaciones porcinas para reducir el consumo de recursos y minimizar la huella ambiental. Esto implica considerar factores como las condiciones climáticas, las necesidades del ganado y la relación del coste y la eficacia de las inversiones en equipos y sistemas de energía renovable.

La normativa medioambiental en España está destinada a abordar estos desafíos y a promover prácticas más sostenibles en la producción porcina, enfocándose en la prevención y control de la contaminación, la eficiencia energética y el cumplimiento de los estándares ambientales establecidos.

Para ello, nos vamos a basar en el caso de Fran, quien posee una granja de cerdas reproductoras y quiere realizar la mejora de sus instalaciones, pero le preocupa la gestión medioambiental de la granja.

2. Control de deyecciones

 **HILO CONDUCTOR**

Fran quiere realizar mejoras en las instalaciones de su granja y para ello ha decidido mejorar el sistema de control de deyecciones.

Las deyecciones se refieren a los excrementos o residuos orgánicos producidos por los animales. Las características físicas y la composición de las deyecciones dependen del tipo de explotación (población de animales, tipo de alojamiento o cama), tipo de alimentación y el grado de dilución de las deyecciones en agua.

 **DEFINICIÓN**

Deyecciones
Conjunto de las excreciones animales compuestas principalmente por heces y orina.

- -

Si consideramos sus características medioambientales, las deyecciones se determinan por:

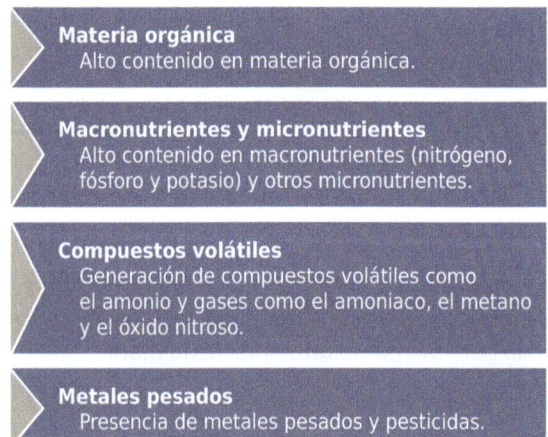

Materia orgánica
Alto contenido en materia orgánica.

Macronutrientes y micronutrientes
Alto contenido en macronutrientes (nitrógeno, fósforo y potasio) y otros micronutrientes.

Compuestos volátiles
Generación de compuestos volátiles como el amonio y gases como el amoniaco, el metano y el óxido nitroso.

Metales pesados
Presencia de metales pesados y pesticidas.

Los efectos medioambientales derivados de la actividad ganadera intensiva deben ser considerados cuidadosamente debido a su potencial impacto. Entre estos efectos se incluyen:

- ➲ **Contaminación difusa.** Contaminación difusa de aguas subterráneas debido a la presencia de nitratos, asociada generalmente a prácticas agrícolas inadecuadas.
- ➲ **Eutrofización.** Eutrofización de aguas superficiales, causada por el exceso de nutrientes, como el nitrógeno y el fósforo, que promueven el crecimiento excesivo de algas.

- **Acidificación.** Acidificación del medioambiente provocada por la emisión de amoniaco.
- **Efecto invernadero.** Contribución al efecto invernadero mediante la emisión de gases como el metano, el óxido nitroso y el dióxido de carbono.
- **Problemas locales.** Problemas locales relacionados con olores, ruidos y polvo que pueden afectar a las comunidades cercanas a las instalaciones ganaderas.
- **Metales pesados.** Dispersión de metales pesados, como el cobre y el zinc, así como pesticidas, que pueden tener impactos negativos en el medioambiente y en la salud humana.

El control de deyecciones va ligado a los sistemas de recogida de estos. Para minimizar las emisiones de amoniaco en instalaciones ganaderas es importante encontrar un equilibrio entre la superficie del suelo enrejillado y del área sucia. Reducir excesivamente el área sucia puede aumentar las emisiones, pues se concentran las deyecciones en zonas sin rejilla. Los diseños con suelos continuos o parcialmente enrejillados, las temperaturas elevadas, la densidad animal o la mala disposición de los comederos pueden incentivar a los animales a depositar deyecciones en áreas que no tienen rejillas, aumentando las emisiones de amoniaco.

Algunas soluciones para el control de las deyecciones son:

- **Rejillas.** El uso de materiales lisos y no porosos en las rejillas puede favorecer el drenaje de las deyecciones y facilitar la limpieza, reduciendo así las emisiones y ahorrando agua y energía.
- **Uso de cama.** El uso de cama en los alojamientos porcinos, como la paja, se considera beneficioso para el bienestar animal, pero también debe ser considerado desde una perspectiva medioambiental. En este tipo de alojamientos, las emisiones se reducen únicamente si se establecen áreas separadas para la cama limpia y la sucia, y se realiza una renovación frecuente de la misma.
- **Gestación.** Los alojamientos de la zona de gestación deben ser sobre un suelo parcialmente enrejillado, reduciendo de forma paralela el tamaño del foso si es para cerdas gestantes en grupo o alojamientos individuales. Al tener cama de paja deben diferenciarse dos áreas, una limpia y otra sucia, retirando semanalmente el estiércol formado e incorporando paja limpia. Se deben vaciar los fosos interiores, al menos semanalmente, a través de colectores hacia el sistema de almacenamiento exterior.
- **Lactación.** En los alojamientos de lactación, la zona de deyecciones debe diferenciarse en la misma jaula, en la zona delantera de la cerda debe existir un foso ancho con agua que recoja las deyecciones de los lechones y en la zona trasera un foso para las deyecciones de la madre.
- **Transición.** Para los animales de transición se construye debajo de la rejilla en un sistema totalmente enrejillado un foso de obra o se coloca

un prefabricado con una pendiente superior al 12 % para separar la orina y las heces, que se arrastrarán con el agua de limpieza. En los sistemas parcialmente enrejillados la zona de suelo continuo puede estar ligeramente inclinada o tener forma convexa para que no se acumulen las deyecciones.

⊃ **Limpieza.** Se debe cuidar la limpieza de las instalaciones, por ello, el empleo de un sistema adecuado de limpieza (alta presión) proporciona un significativo ahorro de agua. El agua de limpieza empleado se mezcla con las deyecciones y pasa a formar parte de la masa de los purines. Al menos se debe realizar la limpieza una vez por semana.

3. MTD (Mejoras Técnicas Disponibles)

☞ **HILO CONDUCTOR**

Para hacer las mejoras en la granja, Fran acude a la normativa y a las guías que el Ministerio tiene disponibles para conocer en profundidad lo que debe hacer.

El Real Decreto Legislativo 1/2016, de 16 de diciembre, por el que se aprueba el texto refundido de la Ley de prevención y control integrados de la contaminación define las Mejoras Técnicas Disponibles (MTD) como la fase más eficaz y avanzada de desarrollo de las actividades y de sus modalidades de explotación, que demuestran la capacidad práctica de determinadas técnicas para constituir la base de los valores límite de emisión y otras condiciones de la autorización destinadas a evitar o, cuando ello no sea practicable, reducir las emisiones y el impacto en el conjunto del medio ambiente y la salud de las personas.

A estos efectos se entenderá por:

⊃ **Técnicas.** La tecnología utilizada junto con la forma en que la instalación esté diseñada, construida, mantenida, explotada y paralizada.
⊃ **Técnicas disponibles.** Las técnicas desarrolladas a una escala que permita su aplicación en el contexto del sector industrial correspondiente, en condiciones económica y técnicamente viables, tomando en consideración los costes y los beneficios, tanto si las técnicas se utilizan o se producen en España como si no, siempre que el titular pueda tener acceso a ellas en condiciones razonables.

⊃ **Mejores técnicas.** Las técnicas más eficaces para alcanzar un alto nivel general de protección del medioambiente en su conjunto.

Para seleccionar las Mejoras Técnicas Disponibles se considera la técnica candidata para MTD, sopesando si es eficaz medioambiental y económicamente, si esta es aplicable a escala real es una MTD, en otro caso se descarta o se puede considerar como una MTD emergente.

Según el anexo 3 del Real Decreto Legislativo 1/2016 los efectos que deben tenerse en cuenta cuando se determinen las MTD serán:

⊃ **Técnicas.** Uso de técnicas que produzcan pocos residuos.
⊃ **Sustancias.** Uso de sustancias menos peligrosas.
⊃ **Desarrollo.** Desarrollo de las técnicas de recuperación y reciclado de sustancias generadas y utilizadas en el proceso, y de los residuos cuando proceda.
⊃ **Procesos.** Procesos, instalaciones o métodos de funcionamiento comparables que hayan dado pruebas positivas a escala industrial.
⊃ **Avances.** Avances técnicos y evolución de los conocimientos científicos.
⊃ **Carácter.** Carácter, efectos y volumen de las emisiones que se trate.
⊃ **Fechas de entrada.** Fechas de entrada en funcionamiento de las instalaciones nuevas o existentes.
⊃ **Plazo.** Plazo que requiere la instauración de la mejor técnica disponible.
⊃ **Consumo.** Consumo y naturaleza de las materias primas (incluida el agua) utilizada en procedimientos de eficacia energética.
⊃ **Necesidad de reducir.** Necesidad de prevenir o reducir al mínimo el impacto global de las emisiones y de los riesgos en el medioambiente.
⊃ **Necesidad de prevenir.** Necesidad de prevenir cualquier riesgo de accidente o de reducir sus consecuencias para el medioambiente.
⊃ **Información.** Información publicada por organizaciones internacionales.

El 7 de julio de 2003 mediante la Decisión C170/03, la Comisión Europea aprobó el documento de referencia para la selección de las mejores técnicas disponibles para la cría intensiva de cerdos y aves, y el 15 de febrero de 2017 mediante la decisión 2017/302 se establecieron las conclusiones sobre las MTD respecto a la cría intensiva de aves de corral o de cerdos.

La selección de las MTD implica los siguientes pasos:

1. **Identificación.** Identificación de los aspectos medioambientales claves del sector:

   ◑ El impacto de los aportes de nitrógeno y fósforo al suelo, a las aguas superficiales y a las subterráneas.
   ◑ Las emisiones de amoniaco al aire.

◊ Otros aspectos medioambientales asociados (emisiones de olor).
◊ Los consumos de agua y energía.

2. **Técnicas.** Análisis de las técnicas más relevantes dirigidas a la disminución de esos problemas medioambientales clave.
3. **Mejores niveles.** Identificación de los mejores niveles de mejora medioambiental, en base a la disponibilidad de los datos en la UE y valorando técnica por técnica.
4. **Condiciones.** Análisis de las condiciones bajo las cuales esos niveles de mejora medioambiental han sido evaluados.
5. **Costes.** Análisis de los costes asociados a cada una de las técnicas, considerando tanto los costes de inversión como los de operación y mantenimiento.
6. **Aplicabilidad.** Análisis de la aplicabilidad de cada técnica, considerando la facilidad o dificultad en su implantación y uso, así como las limitaciones que puede tener.
7. **Influencia.** Análisis de la influencia de cada una de las técnicas sobre otros aspectos como el bienestar y la salud de los animales, así como la posibilidad de originar efectos medioambientales colaterales indeseables.
8. **Selección.** Selección de las mejores técnicas disponibles y los niveles de emisión y/o consumos asociados.

Las mejores técnicas disponibles para el sector de la cría intensiva de cerdos en España van referidas a:

➲ Sistemas de gestión ambiental (SGA)
➲ Buenas prácticas ambientales
➲ Gestión nutricional

◊ Nitrógeno total excretado
◊ Fósforo total excretado

➲ Uso eficiente del agua
➲ Emisiones de agua residuales
➲ Uso eficiente de la energía
➲ Emisiones acústicas
➲ Emisiones de polvo
➲ Emisiones de olores
➲ Emisiones del almacenamiento de estiércol sólido
➲ Emisiones generadas por el almacenamiento de purines
➲ Procesado *in situ* del estiércol
➲ Aplicación al campo del estiércol
➲ Emisiones generadas durante el proceso de producción completo
➲ Supervisión de las emisiones y los parámetros del proceso

NOTA

Todas estas técnicas pueden ser consultadas en la decisión de ejecución (UE) 2017/302 de la comisión de 15 febrero de 2017, por la que se establecen las conclusiones sobre las MTD en el marco de la Directiva 2010/75/UE del Parlamento Europeo y del Consejo respecto a la cría intensiva de aves de corral o de cerdos.

El Registro General de Mejores Técnicas Disponibles en Explotaciones será gestionado por la Dirección General de Producciones y Mercados Agrarios del Ministerio de Agricultura, Pesca y Alimentación.

- -

4. Gestión de purines

 **HILO CONDUCTOR**

Dentro de los cambios que Fran quiere hacer también se encuentra la gestión de purines para la mejora de la gestión ambiental.

- -

La gestión adecuada de los purines de ganado porcino busca minimizar su impacto ambiental para lograr una producción sostenible. Esto implica cumplir con la normativa que regula la contaminación difusa de las aguas, las emisiones al aire y la protección de la calidad del suelo.

Las explotaciones ganaderas deben tener un sistema de gestión de purines, teniendo en cuenta la autorización ambiental integrada si quiere utilizarlos como fertilizantes agrícolas.

Las deyecciones en forma líquida se recogerán en forma líquida mediante conducciones en una fosa de almacenamiento y todas las explotaciones deben temer una fosa de almacenamiento de purines.

Respecto a la retirada de los purines hacia el exterior de los alojamientos, hay que considerar dos aspectos:

- **Frecuencia.** Cuanto mayor sea la frecuencia de retirada de purín, menores serán las emisiones producidas en el interior de los alojamientos.

- **Sistemas de retirada.** Existen sistemas especiales de retirada de las deyecciones como el *flushing* o los rascadores, pero en general requieren una instalación compleja, más difícil y costosa de mantener.

Algunas soluciones para los sistemas de gestión de purines son:

- *Flushing.* El sistema de *flushing* implica un tratamiento adicional del purín, que incluye la separación y la aireación para reutilizar la fracción líquida, como el agua de la limpieza en la explotación. Esta fracción tratada se bombea a través de un circuito cerrado y se descarga regularmente en los fosos de las naves, arrastrando las deyecciones hacia el exterior.
- **Capacidad de almacenamiento.** La capacidad de almacenamiento de purines, tanto en fosas interiores como exteriores, debe ser de al menos 120 días, calculada según las directrices sectoriales sobre actividades e instalaciones ganaderas.
- **Requisitos.** Estas fosas deben cumplir varios requisitos, como tener un vallado perimetral independiente, estar impermeabilizadas para evitar filtraciones y escorrentías, garantizar la estanqueidad y la resistencia, tener una profundidad mínima de 2 m y una pendiente de talud no inferior al 50 %. Además, deben respetar las distancias mínimas a elementos relevantes relacionados con cauces y aprovisionamiento de aguas.
- **Zonas vulnerables.** En zonas vulnerables, las explotaciones ganaderas deben disponer de instalaciones de almacenamiento de purines con capacidad suficiente para almacenar toda la producción durante períodos en los que no se justifique su salida. No se requerirá una capacidad de almacenamiento superior si se demuestra que el exceso de purines se gestiona de manera ambientalmente segura, como su transformación o traslado fuera de la zona vulnerable para su uso como fertilizante orgánico.
- **Explotaciones.** En las explotaciones sujetas a Autorización Ambiental Integrada se elaborará un balance mensual de producción y salidas de estiércoles, de acuerdo con el plan de abonado establecido y cualquier otra forma de utilización o salida justificada. Este balance reflejará el mes de mayor necesidad de almacenamiento de los estiércoles y determinará, en su caso, la capacidad mínima de las fosas de la explotación, la cual nunca será inferior a la producción de purín correspondiente a 120 días.

Los tratamientos de purines y estiércoles son herramientas tecnológicas para gestionar problemas y ajustar la calidad y cantidad de nutrientes, considerando la problemática específica de cada caso, aunque no existe una solución única para todas las situaciones. De este modo los procesos pueden ser:

- **Separación sólido-líquido.** Divide los sólidos de los líquidos en dos fracciones.
- **Compostaje.** Descomposición biológica de los sustratos orgánicos.
- **Evaporación y secado.** Eliminación del agua por evaporación o secado.
- **Nitrificación-desnitrificación.** Eliminación del nitrógeno de las deyecciones.
- **Digestión aerobia.** Descomposición de la materia orgánica en presencia de oxígeno.
- **Digestión anaerobia.** Descomposición de la materia orgánica en ausencia de oxígeno.
- *Stripping* **y absorción.** Recuperación del nitrógeno en forma de amonio.
- **Filtración por membrana y ósmosis inversa.** Separación de partículas mediante membranas.
- **Empleo de aditivos.** Aplicación de productos químicos o biológicos para mejorar el manejo y minimizar emisiones.

NOTA

El artículo 9 del Real Decreto 306/2020, de 11 de febrero, por el que se establecen normas básicas de ordenación de las granjas porcinas intensivas, y se modifica la normativa básica de ordenación de las explotaciones de ganado porcino extensivo especifica la normativa a seguir en la gestión de purines.

En definitiva, se debe tener un plan de gestión ambiental para tratar la producción de estiércol dependiendo de si este se manipula en la explotación, ya que se hace una valoración agronómica del mismo o se entrega a una instalación u operador autorizado.

5. Requerimientos normativos medioambientales

 **HILO CONDUCTOR**

Otro de los aspectos importantes que Fran debe conocer para mejorar su granja son los principales impactos ambientales que se dan en la ganadería.

Los requerimientos normativos medioambientales son regulaciones establecidas por las autoridades competentes para controlar y mitigar el impacto ambiental de las actividades humanas y, en nuestro caso, propias de la ganadería.

Por ello, hay que tener en cuenta:

1. **Impacto significativo.** Según de Real Decreto 306/2020, de 11 de febrero, por el que se establecen normas básicas de ordenación de las granjas porcinas intensivas, y se modifica la normativa básica de ordenación de las explotaciones de ganado porcino extensivo, la producción porcina puede tener un impacto significativo en el ámbito medioambiental, especialmente en relación con la producción de nitratos y las emisiones de amoniaco a la atmósfera y , en menor medida, por su potencial carácter emisor de gases efecto invernadero. Por esta razón, se hace cada vez más necesario que la producción porcina incorpore los retos de un sector moderno y heterogéneo, acorde con las expectativas sociales, especialmente en materia medioambiental.

2. **Compromiso de reducción.** En España se incorporan compromisos de reducción de amoniaco y otros gases contaminantes como partículas y compuestos orgánicos volátiles de acuerdo con el Real Decreto 818/2018, de 6 de julio, sobre medidas para las reducción de las emisiones nacionales de determinados contaminantes atmosféricos.

3. **Explotaciones ganaderas intensivas.** Las explotaciones ganaderas intensivas pueden generar impactos ambientales significativos debido a la producción y acumulación de estiércoles y purines en grandes volúmenes. Aunque estos productos no contienen inicialmente compuestos de alto riesgo ambiental, su gestión puede plantear problemas debido a su volumen.

4. **Soluciones ambientales.** Las soluciones ambientales deben adaptarse a las condiciones específicas de cada zona, considerando tanto sus características ambientales como de producción, en lugar de aplicar soluciones generales.

5. **Efectos medioambientales.** Los efectos medioambientales de la ganadería intensiva incluyan la contaminación de aguas subterráneas por nitratos, la eutrofización de aguas superficiales, la acidificación por amoniaco, la contribución al efecto invernadero como metano y óxido nitroso, los problemas locales de olor, ruido y polvo, así como la dispersión de metales pesados y pesticidas.

Los principales impactos ambientales son:

- **Contaminación de aguas subterráneas.** Al aplicar el purín al terreno con fines agrícolas, el amoniaco contenido en el purín se transforma en nitrato, el cual se mueve fácilmente por el suelo y pudiendo contaminar las aguas subterráneas.
- **Contaminación de aguas superficiales.** Se produce cuando el purín alcanza el curso de las aguas superficiales, produciendo problemas de eutrofización.
- **Emisiones al aire.** Gases producidos por la ganadería, tales como amoniaco, metano, óxido nitroso, dióxido de carbono, etc. Estos producen contaminación ambiental y, en ocasiones, un olor que resulta desagradable para la población.
- **Contaminación de suelos.** Se acumulan los metales pesados presentes en el purín en el suelo al ser aplicados como fertilizante, causando daños sobre los microorganismos y alterando los procesos naturales de las plantas.
- **Ruido.** Se debe considerar a efectos de bienestar animal y de los programas de prevención de riesgos laborales.
- **Residuos.** Generados durante la producción ganadera como cadáveres, envases, etc.

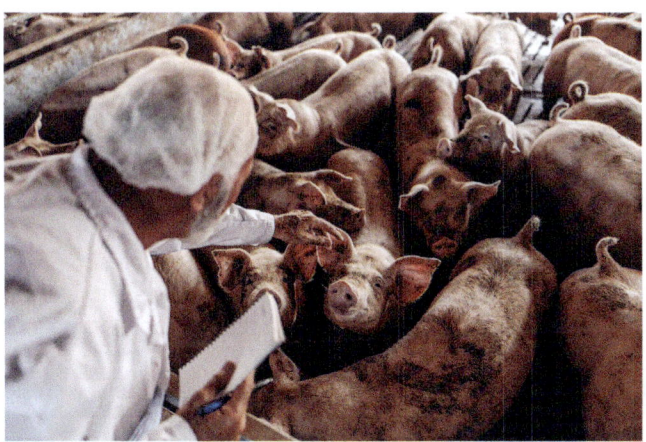

En el anexo 1 del Real Decreto 306/2020, de 11 de febrero, se indica la producción máxima de estiércol en la ganadería porcina.

6. Licencias ambientales

☞ HILO CONDUCTOR

Aprovechando la mejora de la ganadería, Fran quiere obtener las licencias ambientales requeridas. Para ello, va a presentar su proyecto de mejora para conseguir la Autorización Ambiental Integrada.

El control integrado de la contaminación se basa principalmente en la Autorización Ambiental Integrada, una herramienta administrativa que reemplaza y unifica las múltiples autorizaciones ambientales previamente requeridas. Esta autorización tiene un carácter previo y vinculante para obtener o renovar otras licencias necesarias para llevar a cabo la actividad.

En la Autorización Ambiental Integrada se establecen los requisitos ambientales exigibles, incluyendo los límites de emisión de contaminantes o las medidas técnicas equivalentes, basados en las mejores técnicas disponibles y adaptadas a las características de la instalación y su entorno ambiental.

La finalidad de la autorización ambiental integrada es:

- **Garantizar.** Garantizar el cumplimiento ambiental de las instalaciones afectadas, coordinando a las diferentes administraciones para simplificar los trámites.
- **Integrar.** Integrar en un único procedimiento todas las autorizaciones ambientales relacionadas con la producción y gestión de residuos, incluyendo los vertidos y la contaminación atmosférica.

Los aspectos que deberán tenerse en cuenta para la determinación de los valores límite de la emisión o de las medidas técnicas que los sustituyan, conforme a lo establecido en el artículo 7 del Real Decreto Legislativo 1/2016, son los siguientes:

- **MTD.** El uso de las mejores técnicas disponibles.
- **Características técnicas.** Las características técnicas de la instalación.
- **Implantación geográfica.** La implantación geográfica y las condiciones locales de medioambiente.
- **Naturaleza de las emisiones.** La naturaleza de las emisiones y su potencial traslado de un medio a otro.
- **Estrategias nacionales.** Las estrategias nacionales aprobadas y las normativas directas de aplicación.

➲ **Incidencia de las emisiones.** La incidencia de las emisiones en la salud humana.
➲ **Incidencia en las condiciones.** La incidencia en las condiciones generales de sanidad animal.

Las instalaciones sujetas a esta normativa deben estar registradas y, además, deben notificarse anualmente a las autoridades autonómicas los datos sobre las emisiones derivadas de su actividad.

La documentación mínima requerida en la solicitud de la autorización ambiental integrada está descrito en el artículo 12 del Real Decreto Legislativo 1/2016 y, como mínimo, debe presentar:

➲ **Proyecto básico.** Proyecto básico con la siguiente información:

  ☉ Descripción de actividades, instalaciones, procesos y tipo de producto.
  ☉ Documentación para el control de la seguridad, la salud de las personas o el medioambiente.
  ☉ Informe del estado ambiental del lugar e impactos previstos.
  ☉ Materias primas, sustancias y energía generadas o empleadas en la instalación.
  ☉ Identificación de los focos generadores de emisiones: tipo y cantidades, así como sus efectos sobre el medioambiente.
  ☉ Tecnologías o técnicas previstas para prevenir, evitar o reducir las emisiones.
  ☉ Medidas de prevención y gestión de residuos.
  ☉ Medidas de control de emisiones.

➲ **Informe del ayuntamiento.** Informe del ayuntamiento de compatibilidad urbanística, que será independiente de la licencia de obras, pero vinculará al ente local en el otorgamiento de cualquier licencia o autorización exigible.
➲ **Documentación exigida.** Documentación exigida por la legislación para la autorización de vertidos.
➲ **Informe base.** Cuando la actividad implique el uso, producción o emisión de sustancias peligrosas relevantes, debe realizarse un informe base antes de comenzar la explotación de la instalación con la información necesaria para determinar el estado de contaminación del suelo y de las aguas subterráneas en el emplazamiento de la instalación.
➲ **Documentación técnica.** La documentación técnica determina las medidas relativas a las condiciones de explotación en situaciones distintas de las normales que puedan afectar al medio ambiente (puesta en marcha, fugas, fallos de funcionamiento, paradas temporales, cierre definitivo, etc.).

- **Resumen no técnico.** Resumen no técnico para el trámite de información pública.

El contenido de la autorización ambiental integrado se describe en el artículo 22 del Real Decreto Legislativo 1/2016 y, como mínimo, debe presentar:

- **VLE.** Valores límite de emisión (VLE) de contaminantes, parámetros o medidas técnicas equivalentes.
- **Prescripciones para protección.** Prescripciones para la protección del suelo y de las aguas subterráneas.
- **Procedimientos.** Procedimientos y métodos de gestión de residuos.
- **Prescripciones para minimización.** Prescripciones para la minimización de la contaminación transfronteriza (si procede).
- **Sistemas.** Sistemas y procedimientos para el tratamiento y el control de emisiones y residuos.
- **Medidas.** Medidas para las condiciones de explotación distintas a las normales.
- **Condiciones.** Condiciones en las que se llevará a cabo el cese de las actividades o el cierre de la instalación.
- **Obligaciones.** Obligaciones de notificación de informes regulares a las autoridades competentes.
- **Requisitos.** Requisitos para el mantenimiento y supervisión de las medidas adoptadas para evitar las emisiones al suelo y a las aguas subterráneas.
- **Evaluar.** Evaluar las condiciones para el cumplimiento de los valores límite de emisión.
- **Responsabilidades**. Determinar las responsabilidades de los diferentes titulares que explotan una instalación, en caso de que la autorización sea válida para varias partes de esta.
- **Otras medidas.** Tener en cuenta otras medidas que se establezcan reglamentariamente o establecidas por la legislación sectorial aplicable.

Las autoridades competentes deben revisar y, en caso necesario, actualizar las condiciones de la autorización en un plazo de cuatro años a partir de la publicación de las conclusiones de las MTD.

7. Eficiencia energética

☞ **HILO CONDUCTOR**

Fran está concienciado con el medioambiente y aprovechando la mejora de las instalaciones, también va a mejorar la eficiencia energética de las mismas.

La eficiencia energética se refiere a la capacidad de obtener el máximo rendimiento utilizando la menor cantidad de energía posible, minimizando así el desperdicio y reduciendo el consumo energético.

Para mejorar la eficiencia energética se deben considerar:

Condiciones climáticas
Las condiciones climáticas de la región.

Particularidades locales
Las particularidades locales de la zona.

Necesidades de ambiente
Las necesidades de ambiente en el interior de los alojamientos según especie, edad y estado fisiológico del ganado.

Relación coste-eficacia
La relación coste-eficacia de las inversiones en los elementos y en las máquinas que conforman la instalación ganadera.

Las recomendaciones para mejorar la eficiencia energética en las granjas se basarán en las normas de construcción y equipamiento, como materiales adecuados, aislamientos eficientes, sistemas de ventilación, calefacción e iluminación.

El objetivo es asegurar la integración de estos sistemas para evitar desperdiciar energía.

Los aspectos básicos para contribuir al ahorro y a la eficiencia energética son:

- **Aislamiento adecuado de los edificios.** Para contribuir al ahorro de energía en naves ganaderas, mejorar el confort del ganado y la conservación de los edificios.
- **Regulación correcta de los equipos de climatización de las naves.** Con la ventilación y refrigeración se trata de aportar oxígeno a la nave y eliminar dióxido de carbono, polvo y otros gases. Con la calefacción se aporta la temperatura necesaria en ciertas fases de producción como la maternidad y el posdestete.
- **Iluminación eficiente.** Se establecen los niveles de intensidad lumínica y los períodos mínimos diarios de exposición a la luz.
- **Estanqueidad de las naves.** Se trata de eliminar el sobreconsumo de energía en calefacción, refrigeración y ventilación, así como evitar entradas de aire innecesarias.
- **Revisión y mantenimiento de los equipos.** El mantenimiento garantiza un rendimiento óptimo en seguridad y un consumo energético que se define en fiabilidad y eficiencia.
- **Implantación de barreras vegetales cortavientos.** Se buscan terrenos sanos, protegidos de los vientos fuertes, pero aireados, secos y bien drenados.

8. Nueva normativa medioambiental

☞ HILO CONDUCTOR

Fran sabe que debe tener en cuenta toda la normativa existente para la correcta gestión ambiental en la mejora de sus instalaciones.

- -

La normativa ambiental se basa principalmente en la Ley 21/2013, de 9 de diciembre, de evaluación ambiental, esta tiene por objetivos:

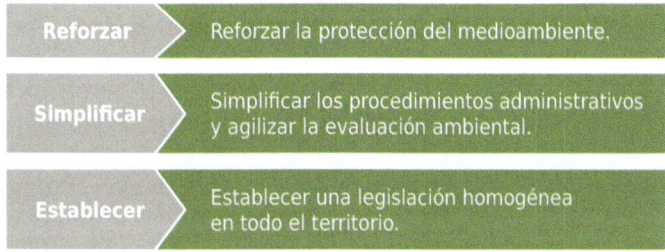

Reforzar	Reforzar la protección del medioambiente.
Simplificar	Simplificar los procedimientos administrativos y agilizar la evaluación ambiental.
Establecer	Establecer una legislación homogénea en todo el territorio.

Además, con esta ley se crean los bancos de conservación de la naturaleza para compensar o reparar la pérdida de biodiversidad y se obliga a tomar en consideración el cambio climático.

Esta ley presenta modificaciones en sus anexos mediante el Real Decreto 445/2023, de 13 de junio, por el que se modifican los anexos I, II y III de la Ley 21/2013, de 9 de diciembre, de evaluación ambiental.

Otras leyes que tienen en cuenta los riesgos medioambientales son:

- ⬭ Directiva (UE) 2016/2284 del Parlamento Europeo y del Consejo de 14 de diciembre de 2016 relativa a la reducción de las emisiones nacionales de determinados contaminantes atmosféricos, por la que se modifica la Directiva 2003/35/CE y se deroga la Directiva 2001/81/CE (Texto pertinente a efectos del Espacio Económico Europeo, EEE).
- ⬭ Directiva del Consejo, de 12 de diciembre de 1991, relativa a la protección de las aguas contra la contaminación producida por nitratos utilizados en la agricultura.
- ⬭ Decisión de Ejecución (UE) 2017/302 de la Comisión, de 15 de febrero de 2017, por la que se establecen las conclusiones sobre las Mejores Técnicas Disponibles (MTD) en el marco de la Directiva 2010/75/UE del

Parlamento Europeo y del Consejo respecto a la cría intensiva de aves de corral o de cerdos [notificada con el número C (2017) 688] (Texto pertinente a efectos del Espacio Económico Europeo, EEE).

- Real Decreto 34/2023, de 24 de enero, por el que se modifican el Real Decreto 102/2011, de 28 de enero, relativo a la mejora de la calidad del aire; el Reglamento de emisiones industriales y de desarrollo de la Ley 16/2002, de 1 de julio, de prevención y control integrados de la contaminación, aprobado mediante el Real Decreto 815/2013, de 18 de octubre; y el Real Decreto 208/2022, de 22 de marzo, sobre las garantías financieras en materia de residuos.

- Real Decreto 47/2022, de 18 de enero, sobre protección de las aguas contra la contaminación difusa producida por los nitratos procedentes de fuentes agrarias.

- Real Decreto 306/2020, de 11 de febrero, por el que se establecen normas básicas de ordenación de las granjas porcinas intensivas, y se modifica la normativa básica de ordenación de las explotaciones de ganado porcino extensivo.

- Real Decreto 818/2018, de 6 de julio, sobre medidas para la reducción de las emisiones nacionales de determinados contaminantes atmosféricos.

- Real Decreto Legislativo 1/2016, de 16 de diciembre, por el que se aprueba el texto refundido de la Ley de prevención y control integrados de la contaminación.

- Real Decreto 508/2007, de 20 de abril, por el que se regula el suministro de información sobre emisiones del Reglamento E-PRTR y de las autorizaciones ambientales integradas.

- Ley 7/2021, de 20 de mayo, de cambio climático y transición energética.

TAREA 3

En una granja porcina se han identificado ciertas áreas de mejora en cuanto al manejo ambiental. ¿Qué medidas se podrían implantar para un control más efectivo de las deyecciones y una gestión más eficiente de los purines, cumpliendo con los requerimientos normativos y promoviendo la eficiencia energética?

9. Resumen

Las deyecciones se refieren a los excrementos o residuos orgánicos producidos por los animales. El control de deyecciones va ligado a los sistemas de recogida de los mismos. Los efectos medioambientales derivados de la actividad ganadera intensiva deben ser considerados cuidadosamente debido a su potencial impacto.

Las Mejoras Técnicas Disponibles (MTD) se definen como la fase más eficaz y avanzada de desarrollo de las actividades y de sus modalidades de explotación, que demuestren la capacidad práctica de determinadas técnicas para constituir la base de los valores límite de emisión y otras condiciones de la autorización destinadas a evitar o, cuando ello no sea practicable, reducir las emisiones y el impacto en el conjunto del medio ambiente y la salud de las personas.

La gestión adecuada de los purines de ganado porcino busca minimizar su impacto ambiental para lograr una producción sostenible.

Los requerimientos normativos medioambientales son regulaciones establecidas por las autoridades competentes para controlar y mitigar el impacto ambiental de las actividades humanas y, en nuestro caso, propias de la ganadería.

El control integrado de la contaminación se basa principalmente en la Autorización Ambiental Integrada, una herramienta administrativa que reemplaza y unifica las múltiples autorizaciones ambientales previamente requeridas.

Las recomendaciones para mejorar la eficiencia energética en las granjas se basarán en normas de construcción y equipamiento, como materiales adecuados, aislamientos eficientes, sistemas de ventilación, calefacción e iluminación.

Para una correcta gestión medioambiental se deben seguir las normativas vigentes.

Ejercicios de autoevaluación
Unidad de Aprendizaje 3

1. ¿Cuál no es un efecto medioambiental causado por las deyecciones?

    a. Eutrofización
    b. Acidificación
    c. Compostaje
    d. Metales pesados

2. De las siguientes frases, indica cuál es verdadera o falsa:

    a. El uso de cama en los alojamientos porcinos, como la paja, se considera beneficioso para el bienestar animal, pero también debe ser considerado desde una perspectiva medioambiental.

        ■ Verdadero
        ■ Falso

    b. Las explotaciones ganaderas deben tener un sistema de gestión de purines teniendo en cuenta la autorización ambiental integrada si quiere utilizarlos como fertilizantes agrícolas.

        ■ Verdadero
        ■ Falso

    c. La capacidad de almacenamiento de purines, tanto en fosas interiores como exteriores, debe ser de, al menos, 200 días.

        ■ Verdadero
        ■ Falso

3. ¿A qué proceso corresponde la definición: descomposición biológica de sustratos orgánicos?

    a. Compostaje
    b. Separación sólido-líquido
    c. *Flushing*
    d. Digestión aerobia

4. ¿Cuál de los siguientes no es un impacto ambiental?

    a. Emisiones al aire

    b. Eficiencia energética

    c. Residuos

    d. Ruido

5. De las siguientes frases, indica cuál es verdadera o falsa:

    a. Con la ventilación y refrigeración se trata de aportar oxígeno a la nave y eliminar dióxido de carbono, polvo y otros gases.

        ■ Verdadero
        ■ Falso

    b. La Autorización Ambiental Integrada tiene un carácter previo y vinculante para obtener o renovar otras licencias necesarias para llevar a cabo la actividad.

        ■ Verdadero
        ■ Falso

    c. Las soluciones ambientales deben adaptarse a las condiciones específicas de cada zona, considerando tanto sus características ambientales como de producción, en lugar de aplicar soluciones generales.

        ■ Verdadero
        ■ Falso

Organización de la explotación

Contenido

Objetivos

El objetivo general de esta Unidad de Aprendizaje es:

→ Gestionar todas las áreas funcionales de la explotación, así como del personal trabajador de la ganadería.

Los objetivos específicos de esta Unidad de Aprendizaje son:

→ Garantizar la disposición adecuada de espacios en la explotación porcina para optimizar la producción, el bienestar animal y la eficiencia operativa.

→ Cumplir con todas las regulaciones y normativas legales vigentes.

→ Implementar medidas para mejorar en la ganadería, contratar personal y pedir incentivos.

1. Introducción

La porcinocultura intensiva ha sido impulsada por el conocimiento del comportamiento animal y por el control minucioso de las necesidades de las cerdas gestantes. Este enfoque ha aumentado la eficiencia y los rendimientos productivos, situando a España como líder en el censo de reproductoras en la Unión Europea y el segundo país productor detrás de Alemania. Este entendimiento de las necesidades individuales de las cerdas es fundamental para mejorar el manejo y aumentar la productividad en las explotaciones porcinas, lo que garantiza una mayor competitividad en los mercados nacionales e internacionales.

La producción porcina de madres se centra en la cría de cerdas reproductoras destinadas a la gestación y al parto de lechones. Estas cerdas son seleccionadas por su capacidad reproductiva y genética, y se mantienen en instalaciones especializadas que proporcionan las condiciones adecuadas para su bienestar y productividad. El manejo de estas cerdas incluye aspectos como la inseminación artificial, el control de la gestación y el destete de los lechones.

En esta unidad nos vamos a basar en el caso de Fran, quien posee una granja de cerdas reproductoras y quiere mejorar la producción en su explotación.

2. Explotación de madres

 HILO CONDUCTOR

Fran está estudiando los índices técnicos para mejorar la producción en la explotación de las madres, por lo tanto, acude a técnicos especializados para que le aconsejen al respecto.

En las granjas, la base del sistema de producción es la organización que se sigue en cuanto al manejo de las reproductoras. Existen dos tipos de organización:

Paridera continua	En la paridera continua cada cerda se cubre cuando presenta el celo, de manera que las cubriciones y los partos son continuos en el tiempo.
Paridera planificada	En la paridera controlada se agrupan los partos, por lo que en este caso se crean lotes. A la paridera planificada se le conoce también como manejo por lotes.

La principal diferencia entre ambos tipos de organización es que, en la primera, la cerda es la unidad funcional de manejo y, en la segunda, la unidad de manejo es el lote o grupo de reproductoras en el mismo estado fisiológico.

Para calcular el número de lotes en el manejo de la paridera controlada se debe tener en cuenta el ciclo reproductivo de la cerda sobre el desfase entre lotes que, en explotaciones pequeñas, puede llegar a 21 días y en explotaciones grandes es deseable un desfase de 7 días. Para programar los trabajos de la explotación siempre es mejor usar un múltiplo de 7 para aprovechar cada día de la semana, de forma que lo que se haga el lunes, se repite el siguiente lunes la misma labor, lo que se haga el martes, se repite el siguiente martes y así sucesivamente.

Calculado el número de lotes se determina el número de hembras por lote, dividiendo el número de hembras en la explotación entre el número de lotes.

Seguidamente, se debe determinar el número de plazas en maternidad.

El tiempo de ocupación es la suma del tiempo que pasa la hembra antes del parto (al menos 1 semana), más la duración de la lactación y la duración del tiempo de limpieza y vacío sanitario (al menos 7 días).

Por último, se determina el número de salas de maternidad, dividiendo el número de plazas antes calculado entre el número de plazas de las que disponemos en cada sala. Se recomienda tener una sala tampón para posibles casos de desviación, por exceso, del número de cerdas por lote.

A continuación, se ven todas las fórmulas antes mencionadas:

$$\text{N.º de lotes} = \frac{\text{Ciclo reproductivo}}{\text{Desfase entre lotes}}$$

$$\text{N.º de hembras por lotes} = \frac{\text{N.º de hembras en la explotación}}{\text{N.º de lotes}}$$

$$\text{N.º de plazas} = \frac{\text{N.º de hembras x N.º de partos por hembra y año x tiempo de ocupación}}{365 \text{ días / año}}$$

Tiempo de ocupación = Tiempo antes del parto+Lactación+Vacío sanitario

$$\text{N.º de salas} = \frac{\text{N.º de plazas}}{\text{N.º de plazas disponibles}}$$

El número de plazas disponibles es el número de hembras por cada lote.

 **APLICACIÓN PRÁCTICA**

Indica cuántos lotes, salas y plazas debe disponer una explotación que tiene 200 hembras reproductoras. Datos a saber:

- **Duración de desfase: 7 días.**
- **Ciclo reproductivo: 154 días.**
- **Partos por hembra y año: 2,37.**
- **Lactación: 28 días.**
- **Entrada en sala: 7 días antes.**
- **Vacío sanitario: 7 días.**

Continúa en página siguiente >>

<< Viene de página anterior

Solución

Con los datos aportados en la actividad y siguiendo las siguientes fórmulas:

Para el cálculo del n.º de lotes:

$$\text{N.}^\circ \text{ de lotes} = \frac{\text{Ciclo reproductivo}}{\text{Desfase entre lotes}}$$

Para el cálculo del n.º de hembras por lote:

$$\text{N.}^\circ \text{ de hembras por lotes} = \frac{\text{N.}^\circ \text{ de hembras en la explotación}}{\text{N.}^\circ \text{ de lotes}}$$

Para el cálculo del tiempo de ocupación:

$$\text{Tiempo de ocupación} = \text{Tiempo antes del parto} + \text{Lactación} + \text{Vacío sanitario}$$

Para el cálculo del n.º de plazas:

$$\text{N.}^\circ \text{ de plazas} = \frac{\text{N.}^\circ \text{ de hembras x N.}^\circ \text{ de partos por hembra y año x tiempo de ocupación}}{365 \text{ días / año}}$$

Para el cálculo del n.º de salas:

$$\text{N.}^\circ \text{ de salas} = \frac{\text{N.}^\circ \text{ de plazas}}{\text{N.}^\circ \text{ de plazas disponibles}}$$

Podemos deducir que una explotación de 200 hembras puede disponer de 22 lotes, 2 salas y 19 plazas.

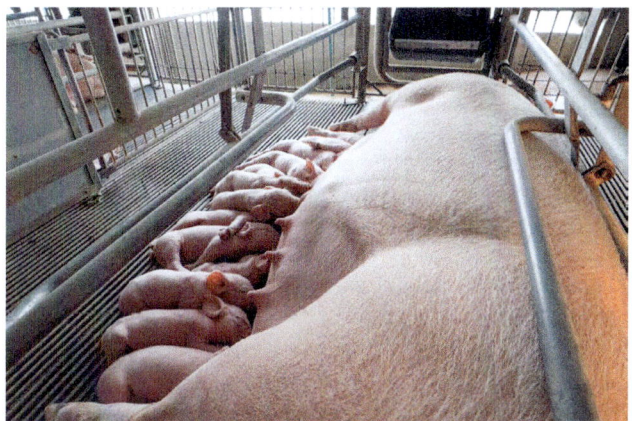

Los alojamientos de maternidad son los más delicados, puesto que los animales se encuentran más indefensos durante esta fase.

En estos alojamientos son importantes las condiciones ambientales, el diseño y la construcción de las celdas de parto, así como la disposición de estas en el alojamiento.

Algunas características de los alojamientos en maternidad son:

- **Locales.** En los locales de maternidad se debe diferenciar entre las necesidades de temperatura de la cerda y de los lechones y se deben cumplir dichas necesidades de forma independiente.
- **Celdas.** Las celdas de maternidad deben permitir a las madres tumbarse, levantarse y descansar sin dificultad, además, los lechones deben poder moverse y ser amamantados sin que la madre los aplaste, por eso las celdas se adaptan para evitar aplastamientos. Las crías podrán disponer de un foco de calor para regular su temperatura.
- **Comederos y bebederos.** Los comederos y bebederos se dispondrán de forma individual para cada cerda y se situarán en los pasillos de distribución.
- **Nave.** La nave será normalmente de hormigón, al igual que los suelos. Los suelos también deben ser antideslizantes y pueden ser del tipo piso de hormigón con cama o enrejillado parcial o total. Los enrejillados tendrán fosos de evacuación debajo de las celdas. Las condiciones térmicas deben ser de 16-25 °C para las madres y de 25-30 °C para las crías en el nido que disminuirá progresivamente. La ventilación debe ser adecuada para la renovación del aire y no será superior a 0,3 m/s.

 **NOTA**

Una práctica habitual es la homogeneización de camadas, es decir, los lechones recién nacidos de una madre más prolífica son llevados a otra madre con menos crías para que todas las crías tengan acceso a las mamas y haya un crecimiento homogéneo de todas las camadas.

----

3. Áreas funcionales

 **HILO CONDUCTOR**

Además del área para las madres, Fran quiere conocer cuáles son el resto de las áreas funcionales de la explotación para una mejor gestión de la granja.

Las zonas funcionales en la ganadería sirven para organizar el espacio de la granja, de manera que se pueda llevar a cabo de manera eficiente el manejo y cuidado de los cerdos en las diferentes etapas de su ciclo de vida.

Las zonas funcionales suelen incluir:

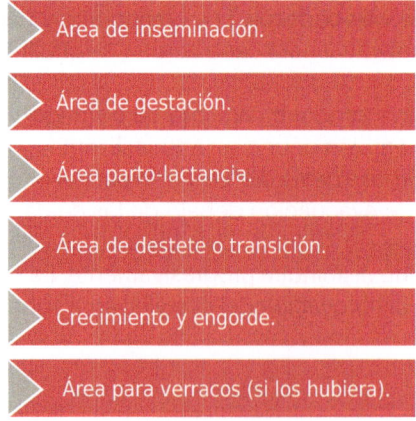

Área de inseminación.

Área de gestación.

Área parto-lactancia.

Área de destete o transición.

Crecimiento y engorde.

Área para verracos (si los hubiera).

Algunas características de las zonas funcionales son:

➲ **Diseño.** Cada zona está diseñada y equipada específicamente para cubrir las necesidades particulares de las cerdas preñadas, los lechones recién nacidos, los lechones destetados, los cerdos en crecimiento y engorde, así como para la reproducción.

➲ **Gestión.** Al dividir el espacio de esta manera, se facilita la gestión de la alimentación, el control sanitario, la observación del comportamiento animal y otras actividades necesarias para mantener la salud y el bienestar de los cerdos, así como para optimizar la producción. Las zonas funcionales también ayudan a reducir el riesgo de propagación de enfermedades al permitir una mejor separación entre los animales. Esto contribuye a mejorar la bioseguridad de la granja y a mantener la salud de todo el rebaño.

➲ **Exigencias ambientales.** Todas estas zonas deben cumplir con las normativas en cuanto a exigencias ambientales, es decir, las necesidades básicas de temperatura, humedad, ventilación, calefacción, refrigeración e iluminación, así como los sistemas de control ambiental para cubrir las necesidades fisiológicas de los animales y obtener su máxima producción.

➲ **Zonas de tránsito.** Entre todas estas áreas existen las zonas de tránsito, cuyo objetivo es producir un flujo continuo de animales con entradas y salidas amplias, evitando formar tapones que lleven a peleas.

➲ **Otras.** Además de estas zonas existen otras donde se encuentran las instalaciones de almacenaje y conservación de insumos y utillajes. En estas instalaciones se pueden almacenar los piensos, los piensos medicamentosos, los productos tóxicos y de limpieza, y la zona de almacenamiento de residuos y cadáveres, así como la fosa de purines.

Por último, dentro de la explotación también podremos encontrar las oficinas y los vestuarios con las duchas y WC.

4. Inseminación

 HILO CONDUCTOR

Fran ha decidido apostar por la inseminación artificial para mejorar genéticamente los índices productivos de las madres. Para ello, estudia las diferentes posibilidades sobre cómo debe seguir el procedimiento.

El objetivo de un centro de inseminación artificial es producir dosis seminales con la máxima calidad y fiabilidad, tanto a nivel sanitario como en la capacidad fecundante.

Las características de esta área son:

- **Instalaciones.** El diseño de las instalaciones y el control ambiental deben asegurar niveles constantes de productividad espermática y calidad seminal a lo largo de la vida reproductiva del verraco. Es fundamental que el alojamiento permita un desarrollo normal de la conformación muscular, la fortaleza en las extremidades y un estado corporal adecuado en los animales.
- **Diseño.** El diseño y el tamaño de los centros de inseminación artificial dependen del número de animales requeridos para satisfacer la demanda y de la opción elegida en términos de seguridad sanitaria, ya sea tener todo el grupo en una sola zona o en varias.
- **Alojamientos.** Los alojamientos para los verracos pueden ser tipo cuadra de verraco con parque de ejercicio, de aproximadamente 10 m², cuadra simple que es un área única de 7,5 m² y boxes o jaulas individuales. Las cuadras deben tener un suelo de cemento cubierto de paja.
- **Sala de recogida.** La sala de recogida de semen debe estar adyacente a la sala de los verracos y no debe tener distracciones para los cerdos. Con una superficie de 2,5x2,5 m o 3x3 m. La superficie del suelo no debe ser deslizante con previsión de relieves de goma. El control ambiental es importante, ya que la temperatura y los periodos de luz deben asegurar la no influencia sobre la libido del verraco y asegurar la calidad seminal.
- **Ventajas.** Algunas de las ventajas de la inseminación son:

  - Diminución del número de verracos.
  - Difusión rápida de la genética.
  - Producción de lotes más homogéneos.
  - Control de la calidad espermática de los sementarles.
  - Reducción del riesgo de transmisión de enfermedades.
  - Reducción de la entrada de animales portadores de enfermedades del exterior.
  - Ahorro de tiempo y esfuerzo evitando la monta natural y el desplazamiento de reproductores.
  - Permite usar animales de distinto peso en el cruce.
  - Evitar el estrés de animales durante la monta.

Las técnicas de inseminación artificial pasan por entrenar a los verracos, recolectar el semen, contrastarlo, conservarlo y aplicarlo.

La aplicación de la inseminación artificial sigue tres procesos:

1. **Entrenamiento del macho.** El entrenamiento de los verracos consiste en hacer saltar al macho sobre un potro o maniquí para poder realizar la extracción del semen. El potro debe estar a la altura de los ojos del verraco.
A los 6-7 meses de edad comienza a entrenarse los verracos. Los adultos que han sido utilizados en monta natural no presentan inconvenientes para ser entrenados.
Los entrenamientos deben hacerse delante de la persona encargada del manejo. El potro debe estar impregnado con olores que estimulen la libido del animal, ya sea orina de cerda en celo o semen de otro verraco.
Las sesiones no deben durar más de 15 min y deben realizarse todos los días por la mañana y por la tarde.

2. **Recogida y conservación del semen.** Cuando los verracos están habituados a saltar sobre el potro se realiza la extracción del semen en un potro fijo, inicialmente una vez a la semana y posteriormente entre 4 y 7 días. El material para realizar la recogida del semen debe estar limpio, esterilizado y atemperado a 37 °C.
Se debe recoger la fracción rica (fracción espermática que se encuentra entre la pre y la posespermática) o bien una fracción intermedia de 150 cm^3 o más la concentración sea alta y el número de dosis previstas para preparar sugiera que la dilución (semen-diluyente) podría ser superior a 125 cm^3.
Se recomienda hacer una contrastación del semen para determinar la calidad del mismo generalmente mediante análisis en laboratorios especializados.
La conservación del semen puede ser refrigerada o congelada, ambas formas deben seguir las técnicas específicas para conservar la calidad espermática en condiciones óptimas durante el período de utilización de las dosis del semen.

3. **Aplicación de la inseminación.** La determinación del momento idóneo para realizar la inseminación artificial radica en ajustar los tiempos en los que se produce la ovulación y el momento de celo, En cerdas destetadas, el celo sale a los 3-4 días, por ende, se recomienda aplicar la dosis el primer día del celo.
La técnica más utilizada para la aplicación del semen es mediante el uso de catéter desechable de introducción de la dosis seminal en un periodo rápido de 1 a 3 min.

5. Gestación

👉 HILO CONDUCTOR

Fran quiere saber más sobre los aspectos más importantes durante la gestación, así que acude a los técnicos especializados para que le aconsejen al respecto para conseguir los mejores rendimientos en su explotación.

La gestación de las cerdas puede pasar por dos fases distintas:

Embrionaria	Dura aproximadamente hasta los 30 días y existe un riesgo de reabsorción de embriones.
Fetal	Desde los 30 días al parto. Existe riesgo de aborto o repetición del celo por reabsorción de embriones o por ausencia de fecundación.

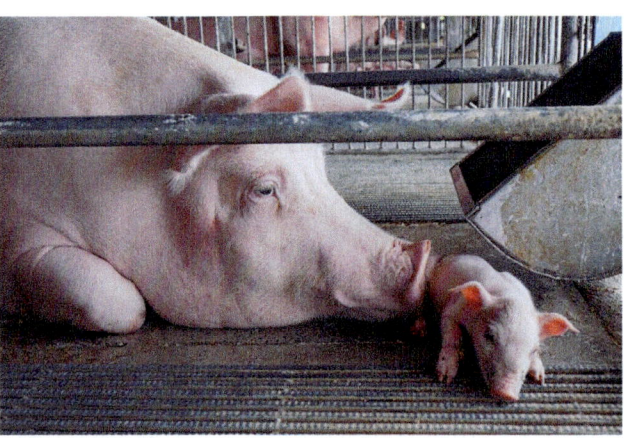

Es importante confirmar la gestación para salvaguardar la eficacia reproductiva.

El diagnóstico de la gestación se realiza a los 45 días. En el caso de que se repitiese el celo, este se observa a los 21 días de la cubrición. Los embriones se observan bien entre los 25 y 30 días, mientras que los fetos entre los 35 y 40 días.

Las características de esta área son:

- **Alimentación.** Se debe restringir la alimentación de las cerdas gestantes, de modo que antes de la gestación deben comer entre 2 y 2,5 kg diarios de pienso y, una vez confirmadas, entre 2,5 y 3 kg de pienso diarios.
- **Alojamiento.** Los sistemas de alojamiento de las cerdas se van a diferenciar, por un lado, entre las cerdas vacías o a la espera de comprobar si han quedado preñadas y, por otro, las cerdas gestantes. Las primeras se sitúan junto a los alojamientos de los verracos para facilitar el manejo en las cubriciones y las cerdas gestantes fuera del ambiente de los machos.
- **Estabulación libre.** Cuando el espacio del alojamiento es en abierto o en estabulación libre, las áreas deben estar bien definidas, por un lado, el área de reposo con cubierta y suelos bien aislados y, por otro lado, la zona de ejercicio generalmente descubierta con suelo de fácil limpieza y donde se encontrará el comedero colectivo.
- **Plaza fija.** Cuando el alojamiento de la cerda gestante es en plaza fija, los animales permanecen en un espacio limitado por sus dimensiones, sin que pueda darse la vuelta. Al frente se sitúa el comedero y bebedero y en la zona posterior un piso enrejillado sobre la fosa del estiércol o de la canaleta de recogida de deyecciones.
- **Temperaturas.** La temperatura ambiental óptima para las cerdas está entre los 16 y 18 °C con una humedad relativa del 60-70 %, sin embargo, suelen ser resistentes a temperaturas frías hasta los 0 °C, pero no a temperaturas por encima de los 30 °C, pues a partir de esta temperatura pueden comenzar períodos de estrés, llegando incluso a producir la muerte de los animales.

Algunas de las ventajas e inconvenientes del alojamiento en estabulación libre son:

Ventajas	Inconvenientes
- Los animales viven de forma natural. - En caso de no haber quedado preñada se detecta mejor el celo. - La inversión en edificios e instalaciones es más reducida.	- El manejo de los animales es más complicado. - El trabajo de los cuidadores, especialmente en épocas de calor, es más incómodo. - Pueden producirse peleas entre las cerdas. - Resulta más difícil el mantenimiento de las instalaciones. - Precisa de más superficie donde incida el sol.

Algunas de las ventajas e inconvenientes del alojamiento en plaza fija son:

Ventajas ✅	Inconvenientes ❌
- Facilidad de manejo del ganado. - Menor incidencia de las variaciones del clima sobre los animales. - No hay peleas entre animales. - Trabajo personal más cómodo. - Facilidad en la mecanización de tareas como la alimentación y recogida de deyecciones, aumentando el rendimiento de la mano de obra.	- Inversión en instalaciones y alojamientos más elevada, requiriéndose instalaciones de ventilación o refrigeración. - La calidad de vida del animal es inferior, por lo que puede verse afectado su estado sanitario. - Se detectan los celos más difícilmente en cerdas que no han quedado preñadas. - Si el animal no está acostumbrado, se estresa al verse enjaulado.

Por lo tanto, las exigencias ambientales de las cerdas recomiendan extremar los cuidados en épocas más calurosas, más que en invierno, dotando a los edificios de las medidas adecuadas para ello.

En definitiva, el manejo de cerdas gestantes implica proporcionar un entorno adecuado para su bienestar y salud durante la gestación. Esto incluye una dieta equilibrada, un espacio suficiente y confortable para descansar, así como medidas de bioseguridad para prevenir enfermedades. Además, se deben realizar controles regulares de salud y seguimientos veterinarios para garantizar un parto seguro y el nacimiento de crías saludables.

6. Parte destete

 HILO CONDUCTOR

Los compañeros de Fran, además de los aspectos de la gestación, le cuentan también los aspectos más importantes del destete, para que este tenga claro todo lo necesario para una producción óptima de la explotación.

El destete de las crías jóvenes es un proceso normal y paulatino en el cual los animales comienzan a ingerir alimentos sólidos con la reducción de la producción láctea de la madre. Ante esta situación, el lechón se encuentra ante una situación de estrés y segrega una serie de hormonas que serán beneficiosas para él en el período de adaptación.

Al nacimiento, el lechón se encuentra desprovisto de anticuerpos, por lo que la ingestión del calostro le adquiere la inmunidad necesaria y no es hasta la sexta u octava semana cuando el lechón ha completado su maduración inmunológica propia.

Las características de esta área son:

- **Alimentación.** Los primeros alimentos sólidos para el lechón que comienza a ser destetado incluyen elevadas cantidades de productos lácteos y a partir de la tercera y cuarta semana de vida comienza a ingerir alimentos sólidos que aporten hidratos de carbono, es decir, energía. Es a partir de la quinta semana cuando utiliza plenamente las fuentes energéticas de origen vegetal. La disponibilidad de agua fresca, limpia y abundante debe ser de forma continua.
- **Espacios.** Los espacios destinados a los lechones tras el destete hasta su traslado al cebadero deben asegurar condiciones ambientales óptimas, especialmente en términos de temperatura, humedad y volumen de aire, que se ajusten a sus requerimientos durante esta fase de desarrollo.
- **Alojamiento.** Los alojamientos se centran en mantener un ambiente térmico apropiado, requiriendo una zona cubierta y bien aislada para garantizar condiciones óptimas para la cría de los animales. En este sentido, existen dos tipos principales de alojamientos: los que mantienen a los lechones siempre en un mismo recinto cubierto y los que permiten su salida a una zona exterior.
- **Zona exterior.** Los sistemas con una zona exterior, a su vez, pueden estar contenidos en una nave mayor o con módulos individuales prefabricados. La zona cubierta debe estar bien diferenciada y aislada en ambas situaciones, de forma que cuando los lechones estén en el interior no necesiten de aporte calórico. En la zona exterior estarán los comederos y bebederos y esta será enrejillada, de hormigón o preparada con cama de paja.

Cuando un cerdo joven, en buen estado de salud, se encuentra en condiciones que satisfacen todas sus necesidades vitales y su organismo funciona adecuadamente, podrá alcanzar su máximo potencial productivo, lo que resultará en un rendimiento óptimo para la explotación.

7. Gestión de personal

☞ HILO CONDUCTOR

Fran considera que va a necesitar ayuda para llevar a cabo todas las labores de la explotación, por lo que acude a un gestor para resolver los temas relacionados con la gestión del personal.

- -

La gestión del personal en las granjas porcinas implica una serie de aspectos clave para garantizar un funcionamiento eficiente y armonioso del equipo. Algunas prácticas comunes incluyen:

- **Selección cuidadosa del personal.** Se busca contratar empleados con la experiencia, habilidades y actitudes adecuadas para el trabajo en la granja porcina.
- **Capacitación y desarrollo.** Se proporciona capacitación continua para mejorar las habilidades técnicas y promover el desarrollo profesional del personal. Esto puede incluir sesiones de formación en bioseguridad, manejo animal y técnicas de reproducción, entre otros.
- **Comunicación efectiva.** Se establecen canales de comunicación abiertos y transparentes para facilitar el intercambio de información entre los miembros del equipo y la dirección. Esto puede ser mediante reuniones regulares, tablones de anuncios y correos electrónicos, entre otros.
- **Establecimiento de roles y responsabilidades claras.** Cada empleado debe comprender claramente sus responsabilidades y funciones dentro de la granja porcina. Esto ayuda a evitar confusiones y asegura que las tareas se completen de manera eficiente.
- **Motivación y reconocimiento.** Se implementan programas de incentivos y reconocimientos para motivar al personal y recompensar su desempeño excepcional.
- **Manejo de conflictos.** Se abordan los conflictos entre los miembros del equipo de manera rápida y efectiva, fomentando la resolución pacífica y constructiva de disputas.
- **Seguridad laboral.** Se prioriza la seguridad y el bienestar de los empleados mediante el cumplimiento de las normas de seguridad laboral, proporcionando equipos de protección adecuados y promoviendo una cultura de seguridad en el lugar de trabajo.

Al implementar estas prácticas de gestión de personal, las granjas porcinas pueden optimizar el rendimiento del equipo y garantizar un ambiente de trabajo positivo y productivo.

NOTA

En el Real Decreto Legislativo 2/2015, de 23 de octubre, por el que se aprueba el texto refundido de la Ley del Estatuto de los Trabajadores se especifica todo lo relacionado con los aspectos laborales a tener en cuenta a la hora de la gestión del personal.

En el Real Decreto Legislativo 8/2015, de 30 de octubre, por el que se aprueba el texto refundido de la Ley General de la Seguridad Social, donde se especifican los distintos regímenes de la Seguridad Social.

---

8. Formación

 HILO CONDUCTOR

En la visita al gestor, Fran pregunta si existen cursos especializados que deban tener sus trabajadores para poder contratarlos como profesionales del sector. Quiere informarse sobre ello para valorar qué acción desarrollar al respecto.

El manejo de granjas porcinas requiere una combinación de formación técnica y experiencia práctica. Idealmente, el personal involucrado debería tener una comprensión sólida de la fisiología y del comportamiento porcino, así como conocimientos en nutrición animal, sanidad, manejo reproductivo, bioseguridad, gestión ambiental y buenas prácticas agrícolas.

Además, es importante tener habilidades en gestión de personal, mantenimiento de registros, análisis de datos y toma de decisiones. La formación puede adquirirse a través de programas educativos en instituciones agrícolas, cursos de capacitación específicos, experiencia laboral en granjas porcinas y participación en seminarios y conferencias del sector.

NOTA

En el Real Decreto 306/2020, de 11 de febrero, por el que se establecen normas básicas de ordenación de las granjas porcinas intensivas y se modifica la normativa básica de ordenación de las explotaciones de ganado porcino extensivo, en su artículo 4, apartado 4 y en su anexo III, se especifica el contenido mínimo de los cursos de formación para el personal que trabaje con ganado porcino.

9. Normativa legal

HILO CONDUCTOR

En su visita al gestor anterior, Fran aprovecha para preguntarle si las normativas que ha aprendido anteriormente son las correctas o si necesita tener conocimiento de alguna más al respecto.

Algunas de las normativas tienen que ver con los siguientes aspectos:

- **Sector porcino.** La principal normativa a tener en cuenta en el sector porcino viene especificada por el Real Decreto 306/2020, de 11 de febrero, por el que se establecen normas básicas de ordenación de las granjas porcinas intensivas y se modifica la normativa básica de ordenación de las explotaciones de ganado porcino extensivo.
- **Traslado de animales.** Tal y como se ha visto en unidades anteriores, el traslado de los animales queda reflejado en el Reglamento (CE) n.º 1/2005 Del Consejo de 22 de diciembre de 2004 relativo a la protección de los animales durante el transporte y las operaciones conexas y por el que se modifican las Directivas 64/432/CEE y 93/119/CE y el Reglamento (CE) n.º 1255/97.
- **Recetas veterinarias.** Existen normativas relacionadas a los requisitos de las receta veterinarias como el Real Decreto 666/2023, de 18 de julio, por el que se regula la distribución, prescripción, dispensación y uso de medicamentos veterinarios.
- **Mejoras técnicas.** En cuanto a las mejoras técnicas, se encuentra el Real Decreto Legislativo 1/2016, de 16 de diciembre, por el que se aprueba el

texto refundido de la Ley de prevención y control integrados de la contaminación define las Mejoras Técnicas Disponibles (MTD).

‣ **Requerimientos ambientales.** Se puede tomar como referencia la Ley 1/2013, de 9 de diciembre, de evaluación ambiental.

‣ **Gestión del personal.** En esta unidad también se han visto normativas para la gestión del personal como el Real Decreto Legislativo 2/2015, de 23 de octubre, por el que se aprueba el texto refundido de la Ley del Estatuto de los Trabajadores donde se especifica todo lo relaciona a los aspectos laborales a tener en cuenta a la hora de la gestión del personal.

‣ **Formación del personal.** Aunque en el Real Decreto 306/2020 se especifica la formación del personal, en este sentido podemos añadir la Ley Orgánica 3/2022, de 31 de marzo, de ordenación e integración de la Formación Profesional.

10. PRL

☞ HILO CONDUCTOR

Fran acude a un curso de prevención de riesgos laborales para tener claros los aspectos más importantes a tener en cuenta, ya que es consciente de la relevancia de estos en el desempeño de cualquier actividad laboral.

- -

La Ley 31/1995, de 8 de noviembre, de Prevención de Riesgos Laborales (PRL) marca la base para cumplir y hacer cumplir, sobre todo por parte de las empresas, el plan de prevención de riesgos laborales y la puesta en práctica de las medidas necesarias para minimizar la incidencia de los posibles riesgos laborales existentes.

 DEFINICIÓN

Riesgo laboral
Posibilidad de que un trabajador sufra un determinado daño derivado del trabajo.

- -

Los riesgos profesionales o laborales son aquellos que un trabajador puede sufrir, de esta manera, el riesgo laboral es la posibilidad de que un daño ocurra durante la acción laboral.

Los principales factores son:

- **Físicos.** Riesgos derivados del ruido, la vibración, condiciones térmicas y el manejo manual de cargas. Pueden causar desde sordera hasta lesiones graves y la muerte.
- **Químicos.** Relacionados con productos como fitosanitarios y fertilizantes, provocando intoxicaciones, quemaduras y afectaciones al medioambiente.
- **Biológicos.** Incluyen el contacto con agentes biológicos presentes en el trabajo, como microorganismos patógenos, pudiendo causar enfermedades y lesiones.
- **Organizativos.** Se refieren a aspectos de la organización del trabajo que pueden influir en otros riesgos laborales, como el ritmo de trabajo, la comunicación y la estabilidad laboral, con posibles consecuencias como el estrés y la disminución de la productividad.

Las medidas de prevención y protección en el trabajo se enfocan en minimizar riesgos:

- **Físicos.** Reducir el ruido y el tiempo de exposición, usar ropa y calzado adecuado, manejar cargas correctamente, aislar partes eléctricas y usar EPI.
- **Químicos.** Almacenar productos correctamente, seguir instrucciones de etiquetado y usar EPI adecuados.
- **Biológicos.** Ventilar las zonas de trabajo, almacenar los productos adecuadamente, disponer de las instalaciones sanitarias y usar los EPI.
- **Organizativos.** Mantener una buena organización laboral y la motivación del personal.

Los EPI son equipos destinados a ser llevados o sujetados por el trabajador para que le proteja de los posibles riesgos que amenazan su seguridad o salud durante la realización de su trabajo, así como cualquier accesorio que tenga destinado a tal fin.

Los EPI deben tener las siguientes características:

- **Adecuados.** Ser adecuados a los riesgos de los que se protegen sin suponer un riesgo más.
- **Responder.** Responder a las condiciones del trabajo y cumplir con las exigencias ergonómicas y salud de los trabajadores.

- **Adecuarse.** Adecuarse al trabajador tras los ajustes necesarios.
- **Homologados.** Estar homologados.

El empresario está obligado a:

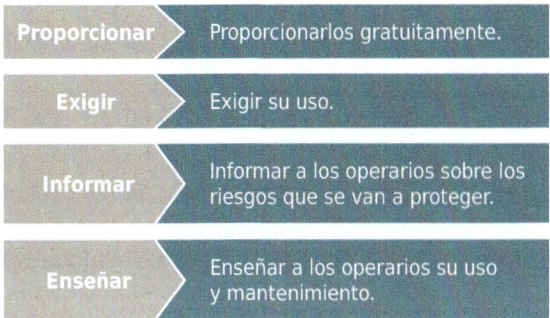

Proporcionar	Proporcionarlos gratuitamente.
Exigir	Exigir su uso.
Informar	Informar a los operarios sobre los riesgos que se van a proteger.
Enseñar	Enseñar a los operarios su uso y mantenimiento.

Los elementos de protección existentes son:

- Protectores de la cabeza.
- Protectores del oído.
- Protectores de los ojos y de la cara.
- Protección de las vías respiratorias.
- Protectores de manos y brazos.
- Protectores de pies y piernas.
- Protectores de la piel.
- Protectores del tronco y del abdomen.
- Protección total del cuerpo.

 ## ACTIVIDAD COMPLEMENTARIA

2. Busca información sobre la reanimación cardiopulmonar en caso de un accidente grave de un trabajador y de que este necesite un masaje cardiaco de urgencia. A continuación, indica cuáles son los pasos a seguir para realizar el masaje cardiaco.

11. Incentivos

☞ HILO CONDUCTOR

Por último, en su visita al gestor, Fran le pide asesoramiento para pedir incentivos para las posibles mejoras de su explotación.

- -

Los incentivos en la ganadería porcina pueden variar según la región y la normativa local. Algunos de los incentivos comunes podrían incluir subvenciones para digitalizar los procesos de trabajo, mejorar la eficiencia energética, programas de ayuda para la implementación de prácticas sostenibles, la modernización de las instalaciones, la capacitación del personal en prácticas agrícolas sostenibles y el cumplimiento de estándares de bienestar animal y apoyo financiero para adoptar tecnologías innovadoras en la gestión de residuos y el control ambiental. Además, pueden existir incentivos fiscales o financiamiento preferencial para proyectos que contribuyan a la reducción del impacto ambiental y mejoren las condiciones de bienestar animal.

NOTA

El Ministerio de Agricultura, Pesca y Alimentación tiene disponible una guía dinámica de empresas nacionales e incentivos para empresas del sector ganadero. Esta guía reconoce todas las empresas e incentivos destinados a empresas del sector general, otorgados y convocados por la Administración General del Estado, Administraciones Autonómicas, Administraciones Locales y otros organismos públicos.

- -

TAREA 4

Un ganadero que posee una granja porcina va a agrandar sus instalaciones para incorporar todas las áreas funcionales desde la zona de inseminación artificial hasta el área donde se encuentran los lechones destetados. Para ello, va a

Continúa en página siguiente >>

<< Viene de página anterior

contratar a nuevos trabajadores que ayuden en las tareas pertinentes y piensa que, para ampliar sus instalaciones y actualizarlas en cuanto a tecnología se refiere, necesita pedir ayudas. ¿Cómo puede este ganadero realizar las mejoras, las contrataciones y pedir los incentivos?

12. Resumen

En las granjas, la base del sistema de producción es la organización que se sigue en cuanto al manejo de las reproductoras y pueden ser paridera continua o paridera planificada.

Las zonas funcionales suelen incluir: área de inseminación, área de gestación, área de maternidad, área parto-lactancia, área de destete o transición, crecimiento y engorde y área para verracos (si los hubiera).

Los alojamientos de maternidad son los más delicados puesto que los animales se encuentran más indefensos durante esta fase y se debe diferenciar entre las necesidades de la cerda y de los lechones.

El objetivo de un centro de inseminación artificial es producir dosis seminales con la máxima calidad y fiabilidad tanto a nivel sanitario como en capacidad fecundante. El diseño de las instalaciones y el control ambiental deben asegurar niveles constantes de productividad espermática y calidad seminal a lo largo de la vida reproductiva del verraco.

Es importante confirmar la gestación para salvaguardar la eficacia reproductiva. Las cerdas gestantes pueden estar alojadas en un espacio abierto o en una plaza fija, y el manejo de cerdas gestantes implica proporcionar un entorno adecuado para su bienestar y salud durante la gestación.

El destete de las jóvenes crías es un proceso normal y paulatino en el cual los animales comienzan a ingerir alimentos sólidos con la reducción de la producción láctea de la madre. Cuando un cerdo joven, en buen estado de salud, se encuentra en condiciones que satisfacen todas sus necesidades vitales y su organismo funciona adecuadamente, podrá alcanzar su máximo potencial productivo, lo que resultará en un rendimiento óptimo para la explotación.

Al implementar prácticas de gestión de personal, las granjas porcinas pueden optimizar el rendimiento del equipo y garantizar un ambiente de trabajo positivo y productivo.

El manejo de granjas porcinas requiere una combinación de formación técnica y experiencia práctica.

La Ley 31/1995, de 8 de noviembre, de Prevención de Riesgos Laborales (PRL) marca la base para cumplir y hacer cumplir el plan de prevención de riesgos laborales.

El Ministerio de Agricultura, Pesca y Alimentación tiene disponible una guía dinámica de empresas nacionales e incentivos para empresas del sector Ganadero.

Ejercicios de autoevaluación
Unidad de Aprendizaje 4

1. **¿Cuál de las siguientes son las condiciones térmicas para las cerdas madres?**

   a. 15-20 ºC
   b. 25-30 ºC
   c. 5-15 ºC
   d. 16-25 ºC

2. **¿Cuál no es un área funcional en la explotación porcina?**

   a. Área de inseminación
   b. Área de gestación
   c. Camino de acceso a la granja
   d. Área para verracos

3. **De las siguientes frases, indica cuál es verdadera o falsa:**

   a. La sala de recogida de semen debe estar adyacente a la sala de maternidad.

   ■ Verdadero
   ■ Falso

   b. El diagnóstico de la gestación se realiza a los 45 días.

   ■ Verdadero
   ■ Falso

   c. Una de las ventajas en estabulación libre en el área de gestación es la facilidad de manejo del ganado.

   ■ Verdadero
   ■ Falso

4. De las siguientes frases, indica cuál es verdadera o falsa:

a. A partir de la primera y segunda semana, los animales empiezan a ingerir alimentos sólidos.

- ■ Verdadero
- ■ Falso

b. Al seleccionar el personal, se busca contratar empleados con la experiencia, habilidades y actitudes adecuadas para el trabajo en la granja porcina.

- ■ Verdadero
- ■ Falso

c. Un inconveniente en el alojamiento de plaza fija es que la inversión en instalaciones y alojamientos más elevada, requiriéndose instalaciones de ventilación o refrigeración.

- ■ Verdadero
- ■ Falso

5. ¿Cuál de las siguientes afirmaciones sobre los EPI no es correcta?

a. Ser adecuados a los riesgos de los que se protegen sin suponer un riesgo más.
b. Deben adquirirlos los trabajadores por su cuenta.
c. Adecuarse al trabajador tras los ajustes necesarios.
d. Estar homologados.

Glosario

Accidente laboral
Es toda lesión corporal que el trabajador sufre con ocasión o por consecuencia del trabajo que ejecute por cuenta ajena.

Anoestro
Período en el ciclo reproductivo de una hembra en el que no hay actividad ovárica ni señales de celo.

Bioseguridad
Conjunto de controles y medidas de salud e higiene para prevenir la introducción y la propagación de enfermedades infecciosas por contagio.

Celo silente
Aquellos en los que la cerda no muestra signos de estar en celo.

Deyecciones
Conjunto de las excreciones animales compuestas principalmente por heces y orina.

Emisión
La expulsión a la atmósfera, al agua o al suelo de sustancias, vibraciones, calor o ruido procedentes de forma directa o indirecta de fuentes puntuales o difusas de la instalación.

Enfermedad profesional
Enfermedad contraída a consecuencia del trabajo ejecutado por cuenta ajena produciendo una alteración de la salud.

Estiércol
Materia orgánica en descomposición, principalmente excrementos animales, que se destina al abono de las tierras.

Eutrofización
Incremento de sustancias nutritivas en aguas dulces de lagos y embalses, que provoca un exceso de fitoplancton.

Índice de conversión
Es la relación entre la cantidad de alimento consumido por el cerdo sobre el aumento de peso en un período determinado.

Inteligencia artificial
Disciplina científica que se ocupa de crear programas informáticos que ejecutan operaciones comparables a las que realiza la mente humana, como el aprendizaje o el razonamiento lógico.

Lechón
Cría de la cerda desde su nacimiento hasta su destete.

Lote
Grupo de animales agrupados en base a diferentes características (morfológicas, edad, de sexo, etc.) para su alojamiento en grupo.

Paridera
Instalación diseñada para el parto y el cuidado de las hembras preñadas y recién paridas en la cría de ganado.

Pienso
Cualquier sustancia o producto, incluidos los aditivos, destinado a la alimentación por vía oral de los animales, pudiendo haber sido transformado, o no, entera o parcialmente.

Prescribir
Recetar u ordenar un remedio.

Prolificidad
La capacidad de un animal para producir un gran número de crías en cada camada o parto.

Purín
Líquido formado por las orinas de los animales y lo que rezuma del estiércol.

Riesgo laboral
Posibilidad de que un trabajador sufra un determinado daño derivado del trabajo.

Vigilancia epidemiológica
Seguimiento y análisis de la ocurrencia y distribución de enfermedades en una población.

Bibliografía

Monografías

→ BUXADÉ, C.: *Zootecnia. Bases de la producción animal. Tomo VI. Porcinocultura intensiva y extensiva.* Madrid: Mundi-Prensa, 1996.

> Lectura recomendada para conocer todos los aspectos relacionados con el sector porcino.

→ GONZÁLEZ Romero, J.: *Instalaciones, maquinaria y equipos de la explotación ganadera. MF0006_2.* Antequera: IC Editorial, 2015.

> Lectura recomendada para conocer las instalaciones, maquinaria y equipos de la explotación ganadera y los riesgos laborales asociados al sector ganadero.

→ GONZÁLEZ Romero, J.: *Técnicas de cultivo. UF0387.* Antequera: IC Editorial, 2016.

> Lectura recomendada para conocer las técnicas de cultivo y los riesgos laborales asociados al sector agrícola.

→ VV. AA.: *Bases de la producción animal.* Sevilla: Universidad de Sevilla, 2003.

> Lectura recomendada para conocer las bases de la producción animal con un enfoque práctico y que interrelaciona todos los factores productivos sobre las bases de la ganadería.

VV. AA.: *Sistemas de producción animal.* Sevilla: Universidad de Sevilla, 2006.

> Lectura recomendada para conocer los diferentes sistemas de producción animal, los diferentes sistemas ganaderos y los aspectos técnicos más relevantes para mejorar la explotación ganadera con un enfoque práctico.

Textos electrónicos, bases de datos y programas informáticos

→ Ahorro y Eficiencia Energética en Instalaciones Ganaderas, de:
<https://www.idae.es/uploads/documentos/documentos_10330_
Instalaciones_ganaderas_05_8ad73059.pdf>.

> Interesante artículo para conocer medidas de ahorro energéticas en la gana-
> dería.

→ Clave del éxito para el sector porcino nacional, de:
<https://www.mapa.gob.es/es/ganaderia/temas/sanidad-animal-higiene-
ganadera/articulobs_porcino_revista_cnv_tcm30-111891.pdf>.

> Interesante artículo para conocer un poco más algunas claves en la biosegu-
> ridad en explotaciones porcina llevado a cabo por el MAPA.

→ GARCÍA Morte, A.: *Inteligencia artificial en porcino: un presente imparable,* de:
<https://www.3tres3.com/articulos/inteligencia-artificial-en-porcino-un-
presente-imparable_50068/>.

> Interesante artículo para saber las perspectivas de la inteligencia artificial en
> el sector porcino.

→ Guía de Buenas Prácticas Ambientales para las explotaciones porcinas en
Extremadura, de:
<http://extremambiente.juntaex.es/files/biblioteca_digital/Guia%20BPA%20
Explotaciones%20porcinas.pdf>.

> Guía práctica elaborada por el Gobierno de Extremadura para conocer en
> profundidad las prácticas de higiene en la ganadería porcina.

→ Guía de Buenas Prácticas para el transporte de Cerdos, de:
<https://edepot.wur.nl/507705>.

> Guía práctica elaborada por la Comisión Europea para conocer en profundidad
> las prácticas a seguir durante el transporte en el sector porcino.

→ Guía de mejores técnicas disponibles del sector porcino, de:
<https://www.mapa.gob.es/es/ganaderia/publicaciones/
GuiaMTDsSectorPorcino_tcm30-105316.pdf>.

> Guía práctica elaborada por el MAPA para conocer en profundidad las mejores
> prácticas a seguir en el sector porcino.

→ Guía de Prácticas Correctas de Higiene para las Explotaciones de Ganado
Porcino Intensivo, de:
<https://www.avparagon.com/pdfs/documentos/aragon/guia-practicas-
correctas-higiene.pdf>.

> Guía práctica elaborada por el Gobierno de Aragón para conocer en profundi-
> dad las prácticas de higiene en la ganadería porcina.

→ Plan estratégico de bioseguridad en explotaciones porcinas: justificación y objetivos, de:
<https://www.mapa.gob.es/es/ganaderia/temas/sanidad-animal-higiene-ganadera/articuloaeceriberdefinitivo_tcm30-111890.pdf>.

> Interesante artículo para conocer a fondo el plan estratégico de bioseguridad en explotaciones porcina llevado a cabo por el MAPA.